通用航空作业技术与装备丛书

现代化农业航空作业技术标准与装备

郭庆才 等 著

科学出版社
北京

内 容 简 介

本书详尽叙述有关于农业航空作业的细节，包括农业航空作业使用的飞机、基础设施、喷洒设备、作业组织、作业技术、作业标准、检测方法、作业安全、剂型选择等。内容丰富，涵盖面广，是北大荒通用航空有限公司运营30多年丰硕成果的体现。

本书可供从事农业航空相关的农艺技术人员和飞行员阅读参考，也可作为农业航空相关标准编写及法规制定等相关专家学者的参考资料。

图书在版编目(CIP)数据

现代化农业航空作业技术标准与装备/郭庆才等著．—北京：科学出版社，2019.3

(通用航空作业技术与装备丛书)

ISBN 978-7-03-060094-3

Ⅰ.①现… Ⅱ.①郭… Ⅲ.①农业飞机-基本知识 Ⅳ.①S251

中国版本图书馆CIP数据核字(2018)第288628号

责任编辑：魏英杰 / 责任校对：郭瑞芝

责任印制：吴兆东 / 封面设计：铭轩堂

科学出版社 出版

北京东黄城根北街16号

邮政编码：100717

http://www.sciencep.com

北京中石油彩色印刷有限责任公司 印刷

科学出版社发行 各地新华书店经销

*

2019年3月第 一 版 开本：720×1000 B5

2019年3月第一次印刷 印张：10 1/4

字数：212 000

定价：90.00元

(如有印装质量问题，我社负责调换)

《现代化农业航空作业技术标准与装备》编写人员

主　　编：郭庆才

副 主 编：张伟巍

编写人员：（以姓氏笔画排序）

王　娜　甘维军　刘国驰　刘晋东

宋显东　张国慧　张瑞瑞　陆　萍

郑冠龙　郑继军　宫香余　徐　旭

董　可　董桂军

《通用航空作业技术与装备丛书》序

通用航空是指除军事、警务、海关缉私飞行和公共航空运输飞行以外的航空活动。通用航空涵盖面广，包括商业、工业、农业、人员培训、旅游、医疗、抢险救灾、飞机制造等多个领域。

通用航空作为民航“两翼”之一，是我国航空业发展建设的重要部分。经验表明，在健康、完整的航空产业链中，合理的通用航空发展规模应占到航空业整体的10％～15％，通用航空飞行总量应占到民航飞行总量的50％以上。目前我国民航“两翼”发展严重不平衡，通用航空飞行总量不到运输飞行总量的8％。

通用航空领域大多涉及日常生产、生活的基础建设，在很长一段时间内并未得到足够的重视，我国通用航空的水平和国际通用航空产业的发展仍有相当的差距，与经济社会活动的需求也相差甚远。随着国务院办公厅《关于促进通用航空业发展的指导意见》的出台，通用航空产业发生了可喜的变化，相信不远的将来通用航空产业将得到长足的发展。

在通用航空领域，有些项目是高风险作业项目，有些项目则是需要长期经验积累的，还有些项目是需要严格技术指标要求的，而现阶段我国通用航空领域缺乏的正是这些。这套丛书是在广泛征求专家意见的基础上，经过长期考察、反复论证之后组织出版的。作为国内通用航空领域的一套技术指导性的丛书，目的是为通用航空作业提供支持，推动我国通用航空产业健康、快速发展。

相信，丛书的出版将成为通用航空发展中坚定的基石，为通用航空作业保驾护航。同时，欢迎广大读者和专家提出好的建议，共同促进和完善丛书。

前　言

农业航空始于灭虫，历经百年的沉淀，蓬勃发展，时至今日已经发展到现代化的专用飞机、专用设备和专用药剂的精准化农业时代。如今的农业航空先进技术和装备不但催生了高质量、高效率的航空作业，而且降低了作业成本，节约了资源，减少了污染。

我国农业航空领域正持续引进世界先进的机型，并替换老旧的机型。农业航空作为现代化农业的重要环节，已经有成熟完善的体系。目前大规模应用的农业飞机（民航法规中的航空器）均具备作业速度快、载重量大、喷洒质量高、喷洒精准的特性。近年来发展迅速的旋翼机，给农业航空带来更好的适应性和多样性。随着农业航空的发展，农业航空的相关产业也在不断壮大。现代农业航空专用助剂、专用药物作业效果更好，限制条件更少，同时导航系统、变量喷洒系统的完善也使农业航空趋于精准化。

本书是在2007年《农业航空技术指南》（中国农业出版社）的基础上重新写作完成的。对农业航空机型进行了更新，删除了GA-200、Y-11、PL-12等老旧机型，新增加了S2R-H80、AT-802、AT-504等先进的固定翼机型和罗宾逊R66、Bell-407、小松鼠AS-350等直升机机型。在组织与区域规划章节中增加了美国Hemisphere公司的Satloc G4导航系统和类似系统的使用及介绍。在作业区域规划、基础设施建设和技术集成等章节中加入了直升机的相关参数。同时，以更严格的作业技术适应现代化农业航空对质量的要求。此外，本书还加入了对药液助剂的说明及要求，从软件和硬件两方面提升农业航空作业的质量，从安全方面提出新的要求。

相信本书将对全国的农业航空从业者提供帮助，并在农业发展中起到更好的推动作用。

限于作者水平，不妥之处在所难免，恳请读者指正。

作　者

2018 年 3 月

目 录

第1章　农业航空的发展和特点

1.1　国内农业航空发展状况

1951年，广州市使用C-46型飞机开展灭蚊蝇活动，标志着我国农业航空作业时代的开启。1952年，中国开始组建通用航空队，并在东北地区开始护林作业，至今已经走过60多年的发展历程。中国农业生产格局逐渐发展为东北三省和新疆地区以大型有人固定翼作业为主，华中和华南地区以有人驾驶直升机和无人机作业为主。随着航空及农业技术的发展和相关体制的逐渐完善，我国的农业航空产业已逐渐成熟。截至2017年底，我国有资质开展农林航空作业的通航企业达60家以上，拥有大型农用飞机400余架，农林业航空年作业能力超过3 200 000 hm^2，年飞行时间超过40 000 h。

近年，我国农业航空事业迅速发展，引进了空中拖拉机、画眉鸟、贝尔、小松鼠、恩斯特龙、罗宾逊等国外的系列先进机型。同时，在喷洒设备、导航系统、雾滴飘逸模型构建、雾滴沉积规律等技术方面也取得了长足的进步。但我国农业航空仍存在一些问题，农业航空政策法规及市场监管尚不完善、农业航空配套产业核心技术不足、专业人才匮乏等因素依然制约着我国农业航空发展。

1.2　国外农业航空发展状况

1. 美国农业航空发展状况

美国农业航空已有100多年的历史。美国是农业航空应用技术最先进的国家，拥有完善的农业航空产业及配套设备体系。目前，美国有农业航空公司 2000 多家，在用农业飞机有 20 多种型号，4000 多架，拥有注册农业飞机驾驶员 3200 多名，年作业能力达 34 000 000 hm^2，占全美耕地 40%以上，全美 65%的化学农药采用飞机作业完成喷洒，其森林植保作业 100%采用飞机作业。

美国有强大的农业航空组织为其农业航空提供服务和保障。目前，美国设有国家农业航空协会(National Agricultural Aviation Association，NAAA)和 40 多个州级农业航空协会，NAAA 有来自 46 个州的会员 1800 个。航空协会不仅提供计划、品牌保障、技术、信息服务，还大力提供安全和教育等资源。

美国航空施药技术作业流程规范，相关设备及技术也是世界顶尖的，其建立的飘移模型可以通过计算作业前输入喷嘴、药剂类型、天气因素等参数预测可能产生的飘移、雾滴的运动和地面沉积模式等。近年来，美国一直在通过商业卫星发展遥感技术，利用卫星监控得到地面作物长势或病害情况，并进行及时有效的农业航空作业。

2. 日本农业航空发展状况

日本耕地面积较小，地形多山，不适合有人驾驶固定翼飞机作业，以直升机和无人机作业为主。日本是最早将微小型无人机用于农业生产的国家之一。1990 年，日本山叶公司推出世界第一架主要用于喷洒农药的无人机。目前，日本农用无人机航空协会(Japan Unmanned Aerial Vehicle Association，JUAVA)有单位会员 11 个。据日本农林水产省统计，截至 2017 年 10 月底，登记在册的微小型农用无人机保有量在 4000 架以上，无人机操控手 18 000 人以上，防治面积 1 500 000 hm^2，占航空作业 38%，从 2004 年开始，用于水稻生产的微小型农用无人直升机数量已超过有人驾驶直升机。日本目前用于农林业方面的无人直升机以 YAMAHA RMAX 系列为主，该机被誉为空中机器人，植保作业效率为 7～10 hm^2/h，主要用于播种、耕作、施肥、喷洒农药、病虫害防治等作业。目前，采用微小型农用无人机进行农业生产已成为日本农业发展的重要趋势之一。

3. 其他主要国家农业航空发展状况

俄罗斯地广人稀，拥有数目庞大的农业飞机作业队伍，数量高达1.1万架，作业机型以有人驾驶固定翼飞机为主，年处理耕地面积约占总耕地面积35%以上。澳大利亚、加拿大、巴西农业航空的发展模式与美国类似，目前主要机型为有人驾驶的固定翼飞机和旋翼机。加拿大农业航空协会(Canada Agricultural Aviation Association，CAAA)目前共有会员169个。巴西作为发展中国家，在国家政策的扶持下，包括农业航空在内的通用航空发展迅速。巴西农业航空协会目前共有单位会员143个，截至2008年3月底，巴西注册农用飞机约1050架。

1.3　农业航空作业的主要特点

采用飞机作业在我国农业生产中具有重要的地位，在农业现代化中发挥着重要的作用，是现代化大农业的标志，是农业生产中重要的手段，在农业生产中起到特殊的和不可代替的作用。

1. 飞机作业效率高

在农业生产中，农作物病虫害防治、杂草防除、叶面施肥等作业项目的可适作业期短，只有保证在最佳农时作业才能取得效果。尤其是病虫害的防治，最适期只有一周左右，时间短任务重，采用飞机进行农业航空作业，可以有效地缓解人和机械生产力不足的矛盾，争取农时。特别是在严重春涝、夏涝等多雨年份更能显示出农业航空作业的优越性。目前使用的农用飞机常规作业效率为80～400 hm^2/h。AT-802型飞机载药量可达3000 kg，作业效率可达260～400 hm^2/h；M-18型飞机载药量可达1500 kg，作业效率可达130～200 hm^2/h；Y-5B型飞机载药量可达1000 kg，作业效率可达100～133 hm^2/h；小型直升机，如R44、R66型等飞机载药量可达400～600 kg，作业效率可达80～160 hm^2/h；BELL-407型等大型直升机载药量可达800 kg，作业效率可达90～180 hm^2/h。使用飞机进行农业航空作业的效率远高于其他的作业方式，例如优质的无人机喷洒药液效率可达 2.8～3.3 hm^2/h，飞机的作业效率是其 100 倍以上。

2. 作业效果好

目前，农业航空作业的飞机均搭载先进的喷洒设备，药液雾化效果好，雾滴被飞机产生的下降气流带动，可使叶片正反面均能着药。飞机喷洒的雾滴直径可调节范围大，覆盖密度均匀，雾滴直径变异系数小，防治效果相比人工与机械作业可提高 15%～35%。

3. 作业成本低

农业航空作业多用于大面积田地作业，用药统一、所需人工少、辐射面积大、成本较低。

4. 有效保护环境

农业航空作业回收率高，药剂利用率高，既减少了污染，也避免了浪费。

5. 突击能力强、适应性广

飞机作业机动性强、作业半径大、作业效率高，在防治农作物暴发性、突发性病虫害方面具有很强的突击能力，可以在短时间内控制病情和虫害的发展。

在农业作业中，由于气候条件影响，特别是遇到涝灾严重时，地面大型机械无法进入田间作业。作物病虫害防治、叶面施肥、促进作物早熟等技术措施都是在作物生长的中后期进行，该时期作物长势繁茂，田间郁闭，地面机械也无法进行作业，而农业航空作业因限制条件少可以发挥其独特的优势，在不破坏土壤物理结构的前提下，高效地完成各项作业。

第 2 章　农业航空作业飞机

农业航空所用的飞机可分为有人机和无人机。有人机可分为固定翼飞机和旋翼机。目前,农业上老旧的活塞飞机正逐渐被涡轮螺旋桨飞机替代,涡轮螺旋桨飞机保养维护比活塞飞机简单,且发动机性能更可靠。近年来,旋翼飞机因其灵活性高、起降条件宽松,也得到了广泛的市场推广。

无人机近年来在农业市场的份额逐渐扩大,并在中国南方等地区得到长足的发展。无人机因其作业生产成本低、灵活性高,在面积较小的农业及林业作业中有较大的优势。

2.1　农用飞机的主要特点

① 农用飞机具有良好的低空低速性能。

② 飞机稳定性良好、操纵轻便、控制灵敏、机舱内全部仪表易于识别,飞机仪表与喷洒(播撒)装置有关的仪表区分明确。

③ 机舱视野开阔、结构牢固。起落架和座舱罩备有锋利的剪线器,可以降低碰到高、低压线的危险。

④ 药箱可快速装载,方便清洗和保养,并能将装载物快速抛出机体。

⑤ 飞机和喷洒装置便于检查、清洗和保养,并且有良好的防腐蚀性。

2.2　农用飞机机型及主要性能简介

1. 画眉鸟 S2R-H80 型飞机

该型飞机是由美国引进的涡轮螺旋桨、单发农林飞机(图 2-1)。

S2R-H80 型飞机低空性能良好、操纵简便、座舱环境舒适、喷洒设备先进。该飞机搭载通用电气生产的 H80 型 597 kW 的涡轮发动机。该发动机具有运行周期长的特性，大修间隔可达 3600 h 或 6600 个发动循环。该飞机结合通用电气公司三维气动设计技术和先进材料，动力更强、燃油效率更高、耐久性更好。

图 2-1　S2R-H80 型飞机

S2R-H80 型飞机主要参数如下。

机身长：10.06 m。

机身高：2.84 m。

翼展：14.48 m。

空载重量：2132 kg。

最大巡航速度：250 km/h。

最大起飞重量：4127 kg。

最大携油量：863 L。

最大续航时间：5 h。

发动机功率：597 kW。

耗油量：170 L/h。

载药量：1930 L。

农业作业速度：225 km/h。

农业作业高度（距作物顶端）：5～7 m。

农业作业喷幅（距作物顶端 5 m）：45 m。

喷施设备：旋转式雾化器。

作业效率(喷液量 17 L/hm^2)：147 hm^2/h。

2. AT-802F 型飞机

该型飞机由 AIRTRACTOR 公司设计制造，是一种单翼、单发、涡轮螺旋桨农林飞机(图 2-2)，载重量大、低空性能良好、用途广泛，可改装为消防或武装型飞机，是一款快速、机动，既有效，又经济的飞机。该型飞机采用先进的控制系统，可提供最佳的覆盖水平与极高的精度。目前，我公司是国内唯一运行该型飞机的航空公司。

图 2-2 AT-802F 型飞机

AT-802F 型飞机主要参数如下。

机身长：11.43 m。

机身高：3.89 m。

翼展：18.04 m。

空载重量：3277 kg。

最大巡航速度：356 km/h。

最大起飞重量：7257 kg。

最大携油量：1438 L。

最大续航时间：3.7 h。

发动机功率：1193 kW。

载药量：3012 L。

农业作业速度：240 km/h。

农业作业高度(距作物顶端)：5～7 m。

农业作业喷幅(距作物顶端 5 m)：60 m。

喷施设备：旋转式雾化器。

作业效率(喷液量 17 L/hm^2)：267 hm^2/h。

3. AT-504 型飞机

该型飞机由 AIRTRACTOR 公司设计制造，是单翼、单发、涡轮螺旋桨的农林教练飞机(图 2-3)。该型飞机有两个并排的驾驶座位，方便教学，是优秀的农业教练机。

图 2-3 AT-504 型飞机

AT-504 型飞机主要参数如下。

机身长：10.21 m。

机身高：2.99 m。

翼展：15.84 m。

空载重量：2163 kg。

最大巡航速度：260 km/h。

最大起飞重量：4272 kg。

最大携油量：818 L。

最大续航时间：4.5 h。

发动机功率：559 kW。

载药量：2191 L。
农业作业速度：225 km/h。
农业作业高度(距作物顶端)：5～7 m。
农业作业喷幅(距作物顶端 5 m)：40～60 m。
喷施设备：旋转式雾化器。
作业效率(喷液量 17 L/hm^2)：147 hm^2/h。

4. AT-402 型飞机

该型飞机由 AIRTRACTOR 公司设计制造，是全金属悬臂式下单翼轻型农用飞机(图 2-4)。该型飞机重量轻、操纵灵活、转弯半径小。

图 2-4　AT-402 型飞机

AT-402 型飞机主要参数如下。
机身长：9. 32 m。
机身高：3. 40 m。
翼展：15. 40 m。
空载重量：1823 kg。
最大巡航速度：261 km/h。
最大起飞重量：4272 kg。
最大携油量：1510 L。
最大续航时间：6 h。
发动机功率：447 kW。
载药量：2336 L。

农业作业速度:225 km/h。

农业作业高度(距作物顶端):5～7 m。

农业作业喷幅(距作物顶端 5 m):50 m。

喷施设备:旋转式雾化器。

作业效率(喷液量 17 L/hm^2):147 hm^2/h。

5. Y-5 型飞机

该型飞机由中航工业石家庄飞机工业有限责任公司制造(图 2-5),是我国工业、农业、林业生产中使用最广泛的小型飞机,双翼单发,设备比较完善、低空性能好,具有多种用途,可进行物资运输、抢险救灾空投物资、农业航化作业、护林防火、森林灭虫、草原种草、森林播种、水稻播种等多项作业。

图 2-5　Y-5 型飞机

Y-5 型飞机主要参数如下。

机身长:12. 68 m。

机身高:6. 10 m。

翼展:18. 18 m(上翼)、14. 24 m(下翼)。

最大巡航速度:250 km/h。

最大起飞重量:5250 kg。

最大携油量:1240 L。

最大续航时间:7 h。

发动机功率：746 kW。

载药量：1000 L。

农业作业速度：170 km/h。

农业作业高度(距作物顶端)：5～7 m。

农业作业喷幅(距作物顶端5 m)：50 m。

喷施设备：喷嘴、旋转式雾化器、播撒器。

作业效率(喷液量17 L/hm²)：140 hm²/h。

6. M-18型飞机

该型飞机是由波兰引进的较大型农林飞机(图2-6)，搭载波兰制造的ASZ-62-M18活塞式星型发动机。该型飞机具有多种用途，单发动机下单翼，适于大面积护林防火、森林化学灭火、森林和草原灭虫、植树造林、草原和水稻播种等农业航空作业。该型飞机低空性能好，具有优良的短距离起降能力，后三点起落架使其适合在草地机场起降。

图2-6　M-18型飞机

M-18型飞机主要参数如下。

机身长：9.5 m。

机身高：3.7 m。

翼展：17.7 m。

空载重量：2710 kg。

最大巡航速度：280 km/h。

最大起飞重量：5300 kg。

最大携油量：720 L。

最大续航时间：4 h。

发动机功率：736 kW。

载药量：1350 L。

农业作业速度：180 km/h。

农业作业高度(距作物顶端)：5～7 m。

农业作业喷幅(距作物顶端 5 m)：50 m。

喷施设备：喷嘴、旋转式雾化器、播撒器。

作业效率(喷液量 17 L/hm^2)：147 hm^2/h。

7. R66 型直升机

该型飞机是由美国罗宾逊公司生产的 5 座直升机(图 2-7)，整合了罗宾逊直升机家族中著名的 R44 型，其中包括双叶型转轮系统、定制循环和开放的客舱配置设计等众多功能。其最令人关注的是增加了符合标准的备用动力和低空性能，新增第五座位和大型行李舱。该型飞机搭载的 RR300 型涡轴发动机，也是首次经过验证成功的代替活塞发动机的涡轮发动机，标志着直升机行业的重大进展。该发动机重量低、体积小、燃料消耗率低，具有内置发动机监控系统，并能使用多种航空燃料，有极高的热性能和高度性能。

图 2-7　R66 型直升机

R66 型飞机主要参数如下。

机身长：11.66 m。

机身高：3.48 m。

旋翼直径：10.06 m。

尾旋翼直径：1.52 m。

最大巡航速度：222 km/h。

最大起飞重量：1225 kg。

最大航程：601 km。

最大携油量：275 L。

发动机功率：223 kW。

载药量：300 L。

农业作业速度：110 km/h。

农业作业高度(距作物顶端)：3～5 m。

农业作业喷幅(距作物顶端 5 m)：25 m。

喷施设备：喷嘴。

8. R44 型直升机

该型飞机是由罗宾逊公司设计制造的活塞发动机直升机(图 2-8)，于 1996 年正式投入市场，是中国使用量较大的农林业直升机。该型飞机油耗低、维护简便，故障率也远低于国际上其他同类直升机。

图 2-8　R44 型直升机

R44 型飞机主要参数如下。

机身长:8. 96 m。

机身高:3. 27 m。

旋翼直径:10. 06 m。

尾旋翼直径:1. 47 m。

最大巡航速度:197 km/h。

最大起飞重量:1134 kg。

最大携油量:111 L。

发动机功率:258 kW。

载药量:200 L。

农业作业高度(距作物顶端):3～5 m。

农业作业喷幅(距作物顶端 5 m):25 m。

喷施设备:喷嘴。

9. AS350 型直升机

该型飞机是由欧洲直升机公司生产的(图 2-9),可乘坐 4～6 人的涡轴螺旋桨飞机。该型飞机的外挂重量可达 1000 kg,用途广泛、故障率低、采购和维护成本低,在各个领域均为热门机型,并在全球有巨大的保有量。

图 2-9 AS350 型直升机

AS350 型飞机主要参数如下。

机身长:10. 93 m。

机身高：3. 14 m。
旋翼直径：10. 69 m。
尾旋翼直径：1. 86 m。
空载重量：1232 kg。
最大巡航速度：287 km/h。
最大起飞重量：2250 kg。
最大航程：652 km。
最大携油量：462 L。
发动机功率：640 kW。
有效载荷：1399 kg。
农业作业高度(距作物顶端)：3～5 m。

10. 480B型直升机

该型飞机是由Enstrom公司制造的5座轻型多用途民用涡轮螺旋桨直升机(图2-10)。该型飞机采用三桨叶旋翼，单台罗尔斯·罗伊斯250涡轮轴发动机，固定滑橇式或弹出浮筒式起落架。其尾撑后部安装了水平安定面和后掠式端板小翼，装有大型尾橇，可以保护二桨叶尾桨。

图2-10　480B型直升机

480B型飞机主要参数如下。
机身长：8. 92 m。

机身高：2.79 m。

旋翼直径：9.80 m。

空载重量：826 kg。

最大巡航速度：213 km/h。

最大起飞重量：1361 kg。

最大航程：652 km。

最大携油量：341 L。

发动机功率：317 kW。

有效载荷：350 kg。

农业作业高度(距作物顶端)：3～5 m。

喷施设备：喷嘴。

以上介绍的固定翼和旋翼机型是目前我国农业、林业生产中的主力机型。此外，还有一些轻型飞机，如“海燕”、“蜜蜂”等，这里不进行介绍。这类型飞机机身小、重量轻，载药量少，作业效率低，不适合大面积农业航空作业。

第 3 章　农业航空作业设备及调整

3.1　喷洒设备

1. 药箱

飞机上的药箱由具有抗酸碱和防腐蚀作用的不锈钢或玻璃钢等材料制成。为便于飞行员检查药液在药箱中的容量，药箱应安装有液位指示器。药箱加药口需安装过滤装置，通过底部装药口可以迅速将药液泵入药箱。为防止药液中的杂质堵塞喷嘴，药泵输入管要安装精细滤网，一般网孔 50 目适用于大部分喷雾作业，并适用于可湿性粉剂药剂。图 3-1 是 S2R-H80 型飞机药箱。图 3-2 是 Y-5B 型飞机使用的药箱。图 3-3 是 R66 型直升机药箱。

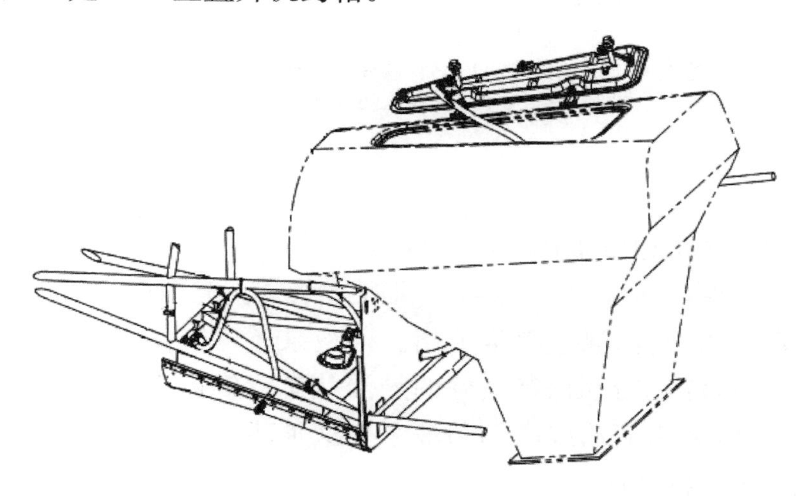

图 3-1　S2R-H80 型飞机药箱

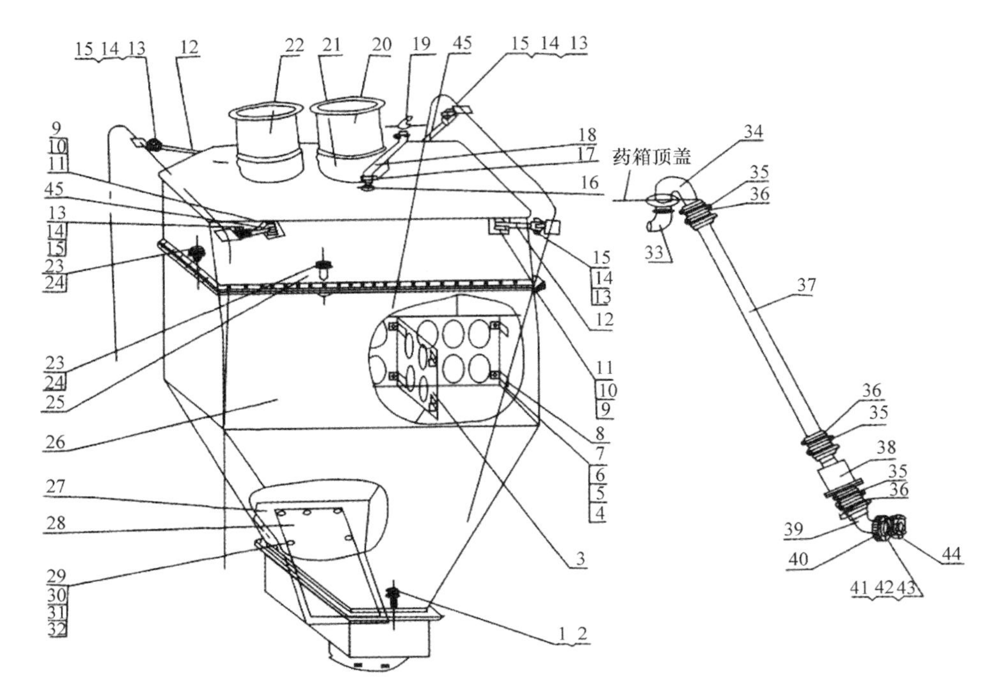

1. 螺栓 2. 垫圈 3. 防晃板 4. 螺栓 5. 平垫片 6. 弹簧垫片 7. 螺母 8. 固定角片 9. 平头销 10. 平垫片 11. 开口销 12. 拉杆 13. 平头销 14. 平垫片 15. 开口销 16. 通气管 17. 喉箍 18. 夹布胶管 19. 通气管 20. 加料管 21. 蒙皮 22. 加料管 23. 螺栓 24. 平垫片 25. 药箱增容积 26. 药箱主体 27. 固定隔板 28. 导流板 29. 螺栓 30. 平垫片 31. 弹簧垫片 32. 螺母 33. 喷管 34. 弯头 35. 喉箍 36. 夹布胶管 37. 管子 38. 单向阀门 39. 管子 40. 胶圈 41. 螺栓 42. 平垫片 43. 弹簧垫片 44. 法兰盘

图 3-2　NY-91A 型药箱

2. 药泵

固定翼飞机通常采用离心式药液泵(图 3-4)。药液泵通常安装在药箱下方的两起落架中间,通过飞机螺旋桨气流驱动产生压力,将药箱内的药液压入喷杆,通过喷嘴喷出。药液泵还可以使药液在药箱内循环搅拌,使可湿性粉剂保持良好的悬浮状态。旋翼机药箱一般置于两个滑橇之间,采用油动或电动药液泵。这种药液泵由外接汽油机或电机产生压力喷洒药液。

3. 喷杆

固定翼飞机的喷杆安装在机翼的下方,如果飞机属双翼,喷杆安装

图 3-3　R66 型直升机药箱

图 3-4　画眉鸟飞机上搭载的离心式药液泵

于下机翼。单翼飞机喷杆的长度要短于翼展长度，双翼飞机的喷杆要短于上机翼翼展，直升机喷杆全长短于旋翼直径，这样可以避开翼尖区，防止翼尖涡流。喷杆一般采用耐腐蚀材料制成，多制成圆形或流线形(图 3-5)。

图 3-5　S2R-H80 型飞机上搭载的 AU-5000 型雾化器

4. 雾化器

雾化器分为液力喷头(又分为扇形、锥形、扁平雾化器)、旋转式雾化器和静电雾化器。固定翼飞机多采用英国的 AU-3000 型、AU-5000 型和国内自行生产的旋转雾化器。旋翼机和 Y-5 型飞机多采用扁平扇形喷头。飞机进行喷洒作业时，安装在喷杆上的雾化器将药箱内的药液喷出，并均匀分布成雾状。对于较先进的静电雾化器，其实用性仍处于试验阶段。

旋转雾化器的外罩是抗腐蚀的合金丝网，AU-3000 型雾化器有 5 个平衡叶片，AU-5000 型雾化器有 3 个平衡叶片，固定在一个装有轴承的轮鼓上形成风扇，调整叶片角度可控制雾化器的转速。由于雾化器不需要用喷孔来分散药液，因此不易堵塞。同样，喷洒悬浮液，旋转雾化器喷头相比液力喷头的优势在于不易堵塞，且雾化效果更好。

5. 喷嘴

喷嘴为喷头的末端，使用钢玉陶瓷制作，具有耐磨损、耐腐蚀、重量轻等特点(图 3-6)。各种喷嘴都分有不同的型号,为了便于区别、喷嘴座分红、黄、白、灰、蓝、黑等颜色,同时在烧结的喷嘴口上还烧有喷孔号,如 Y-5 型飞机使用 3 号喷嘴 65 个喷头,R66 型直升机上使用 8004 型喷嘴 46 个。

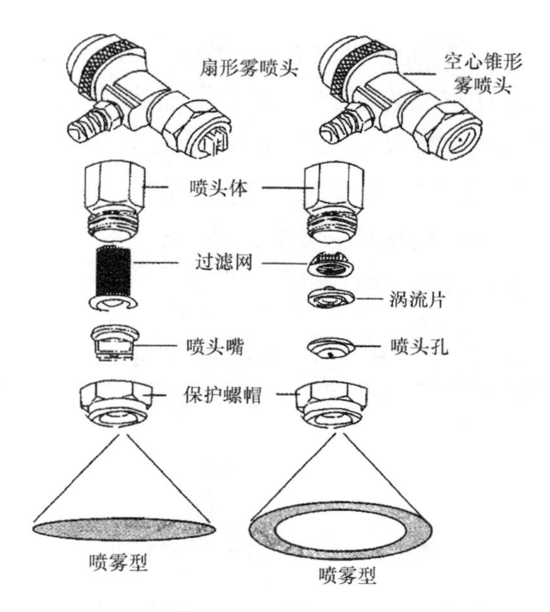

图 3-6　扇形、锥形喷头的结构与雾形比较

飞机喷雾系统(图 3-7)由药箱、药泵、三通开关等组成。

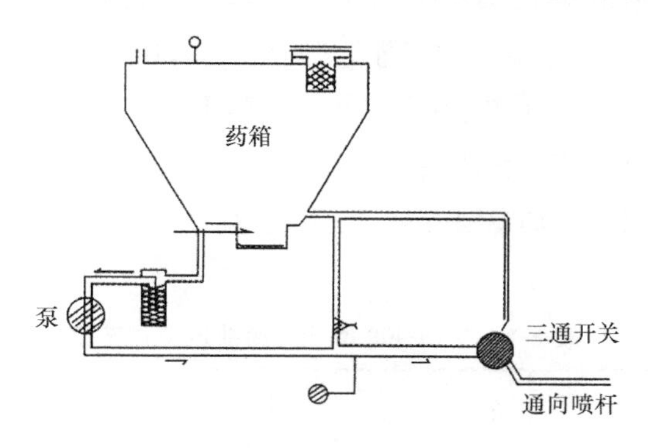

图 3-7　飞机喷雾系统示意图

3.2 喷头的调整

1. 液力喷头的调整

目前各类型农业飞机中仍有部分飞机使用液力喷头，尤其是旋翼机的喷洒设备以液力喷头为主。下面介绍液力喷头的调整。

Y-5 型飞机使用的液力喷头是由中国民用航空徐州设备修造厂生产的 7616-400 型狭缝式扇形喷头。它由壳体、螺帽、弹簧、弹簧座、膜片、密封圈、卡圈、底座、喷嘴座、喷嘴组成(图 3-8)。

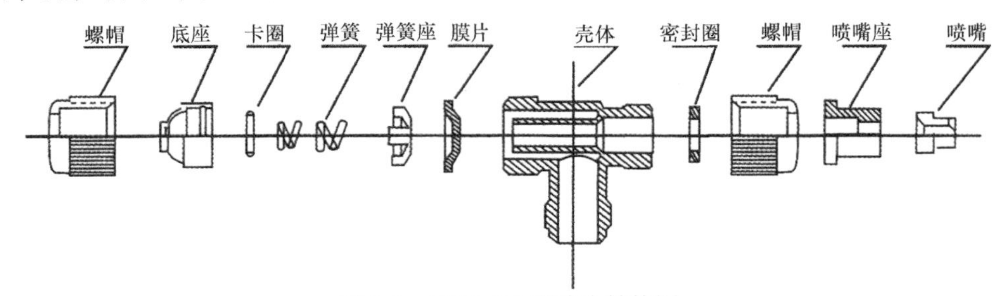

图 3-8 7616-400 型喷头结构图

喷头为膜片式 T 形阀门。其工作原理是，当药管内的压力大于底座内弹簧的压力时，药液顶开膜片从喷嘴喷出，当管内压力小于弹簧压力时，膜片关闭壳体内腔，喷嘴停止喷液。喷嘴使用钢玉陶瓷制作，有很强的耐磨性和耐腐蚀性。喷嘴分 2、3、4、5、6、7 六种，为明显区分，又分为白、黄、红、兰、白、黑等颜色，同时喷嘴口还有字号。

Y-5 型飞机使用 3 号喷嘴 65 个，泵压 0.28 MPa，喷头角度 90°，每分钟流量 283 L，作业喷幅 50 m。7616-400 型液力喷头流量调节表如表 3-1 所示。

表 3-1 7616-400 型液力喷头流量调节表

喷嘴号	泵压/MPa	叶片长度/mm	叶片数量	流量/(L/min)	
				65 个喷嘴	1 个喷嘴
2	0.3	460	6	183.15	2.217
3	0.28	460	6	283.14	4.536

续表

喷嘴号	泵压/MPa	叶片长度/mm	叶片数量	流量/(L/min)	
				65 个喷嘴	1 个喷嘴
4	0.26	460	6	465	7.15
5	0.24	550	6	560	8.6
6	0.2	550	6	679	10.4
7	0.16	550	6	811	12.48

小麦除草和大豆苗后除草将喷嘴号调整到 2 号位置 30 个喷头，喷头角度 135°，流量 101 L/min，喷幅 18 m。

大豆土壤处理将喷嘴号调整到 3 号位置 30 个喷头，喷头角度 135°，流量 126 L/min，喷幅 18 m。

灭虫作业将喷嘴号调整到 1 号位置 30 个喷头，流量 56 L/min，喷幅 20 m。

森林灭虫将喷嘴号调整到 1 号位置 30 个喷头，流量 25.2 L/min，喷幅 30 m。

其他农业航空作业将喷嘴号调整到 2 号位置 30 个喷头，流量 112 L/min，喷头角度 90°，喷幅 20 m。

2. 旋转雾化器的调整

目前，飞机上安装的雾化器主要有两种，一种是在 AT-802、S2R-H80、M-18 等机型飞机上安装的 AU-5000 型旋转雾化器，另一种是安装在 Y-5 型飞机上的国产雾化器。

(1) 雾化器工作原理

药液在泵压的作用下，由打开的单向阀进入雾化器空心轴，然后打开轴端单向阀。轴端单向阀的作用有两个，一是防止漏药，二是产生反作用力，保证喷出的药液随压力进入扩散管，经分布器通过扩散管对溶液进行第一次破碎后被甩到高速旋转(800～10 000 r/min)的网笼上进行第二次破碎，在离心力和飞机前进气流剪切作用下破碎成理想的雾滴。雾化器桨叶的安装角度越小，飞机速度越快，被击碎的雾滴越细。

(2) AU-5000 型雾化器

该型号雾化器(图 3-9)可安装在 AT-802、S2R-H80、M-18 型飞机上,其设计精密,由防腐材料制成,可以根据特殊处理要求调整出非常细小的雾滴或大雾滴。S2R-H80 和 M-18 型飞机安装 10 个,AT-802 型飞机安装 12 个。

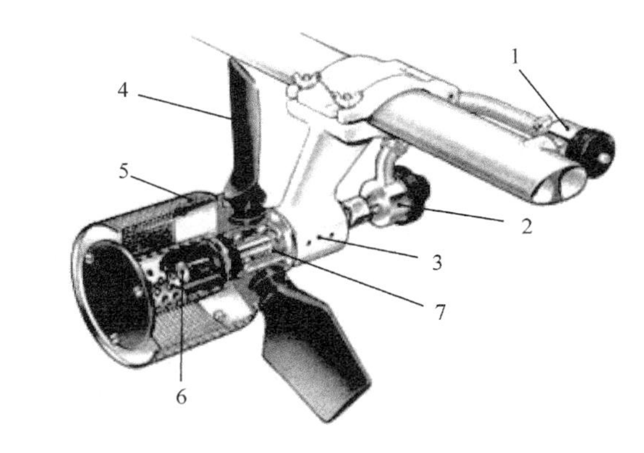

图 3-9　AU-5000 型雾化器

喷液量调整可通过可变节流器(图 3-10)来完成。

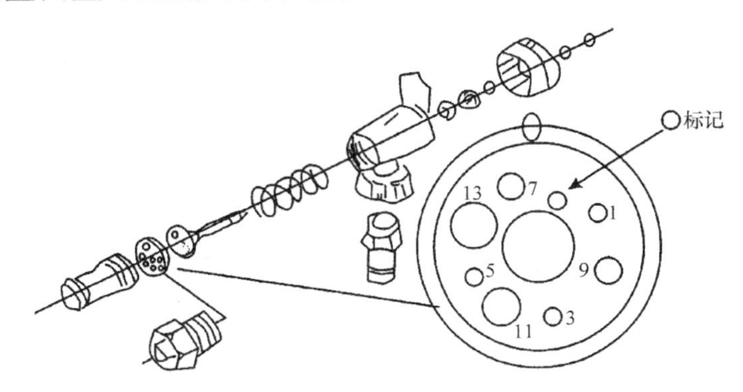

图 3-10　可变节流器分解图(AU-5000 型)

可变节流器有一个带有一组不同大小孔的孔板,1～7 号用于超低容量喷雾,8～14 号用于常规低容量喷雾。标准孔板具有 1～13 号全部奇数和 2～14 号全部偶数的节流尺寸并有可换的孔板。AU-5000 型旋转式雾化器的可变节流器仅用 0、1、3、5、7、9、11、13 号的全部奇数(图 3-10)。号数越大,流量就越大,13 号为大流量,0 号为关闭位置。

不同喷液量应对准不同的孔眼，当喷液量确定之后，就要准确调整到所需孔眼。如表 3-2 所示为 AU-5000 型雾化器流量参数表。

表 3-2　AU-5000 型雾化器流量参数

节流阀编号	不同压力下流量/(L/min)		
	1.4/(kg/cm^2)	2.1/(kg/cm^2)	2.8/(kg/cm^2)
1	0.27	0.33	0.40
3	0.75	0.95	1.10
5	1.45	1.82	2.15
7	2.65	3.40	4.10
9	4.50	5.90	6.80
11	8.50	11.50	14.00
13	14.90	19.50	22.80

从上表可见，可变节流器号数越小，每分钟流量越小，如农作物防病、叶面施肥等作业，将流量调节阀全部放在 11 号的位置上。喷液量大小可以调整工作压力。

(3) CYD-1 型雾化器

该型号雾化器是由我国自行设计生产的(图3-11)。飞机飞行速度

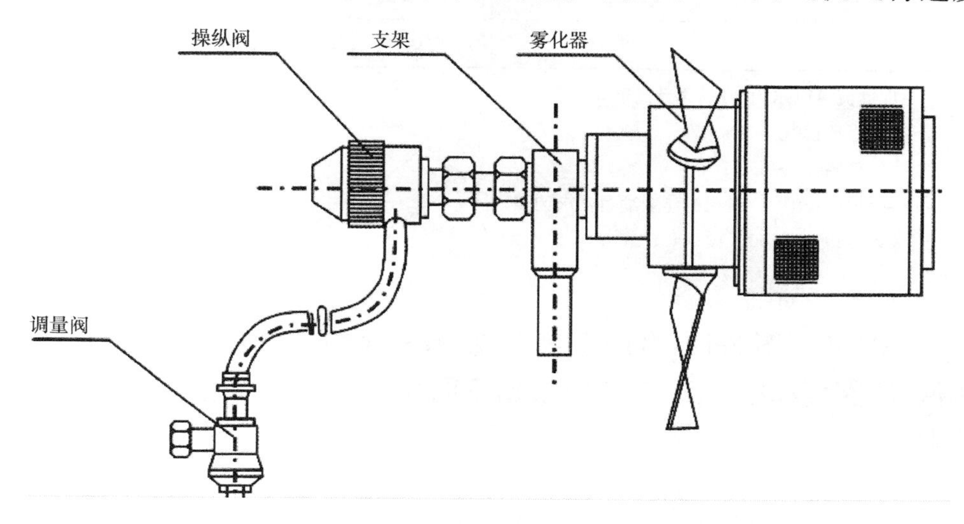

图 3-11　CYD-1 型雾化器

160 km/h，系统压强为 0.27～0.41 MPa 时，流量范围（单个雾化器）2.36～49.14 L/min（以水为介质），调量阀挡号与流量关系如表 3-3 和表 3-4 所示。

表 3-3　超低量调量阀

挡号	单个流/(L/min)	压强/MPa	单个药量/(L/hm²)
1	2.36	0.39～0.41	0.18
3	4.24	0.38～0.4	0.315
5	9.09	0.31～0.36	0.675
7	12.2	0.3～0.31	0.9
9	15.84	0.3～0.31	1.2
11	22.2	0.3～0.31	1.68
13	35.7	0.28～0.31	2.7

表 3-4　低常量调量阀

挡号	单个流/(L/min)	压强/MPa	单个药量/(L/hm²)
2	39.3	0.28～0.3	2.97
4	45.5	0.29～0.3	3.405
6	49.14	0.27～0.28	3.675

注：① 此流量以水为介质，飞行高度 5～10 m。

② 雾滴直径：70～450 μm。

③ 有效喷幅：50～55 m。

④ 桨叶角度：30°～75°（根据作业项目需求调整）。

⑤ 雾化器转速：1800～10 000 r/min。

（4）CP 喷嘴

CP 喷嘴（图 3-12）多用于直升机，有三个可调节档位，分别对应粗雾滴、中雾滴和细雾滴，使用时根据不同药液的性质可选择相应的喷头作业。

图 3-12　CP 喷嘴

3.3　播撒设备及调整

1. 关键部件

(1) 干料箱

播撒干料使用的干料箱是飞机自身携带的药箱。药箱上部装有加料口，干料通过加料口装料，干料箱下部与飞机抛撒门相连。

(2) 播撒器

播撒器安装在飞机下部，与干料箱相连。干料通过抛撒门进入播撒器，靠风力将干料散出。

（3）播撒量调节器

播撒量调节器是播量调节装置，一般在地面进行调整（图 3-13）。在调节器上装有标尺，标尺上有刻度数，根据作业项目及干料种类进行调整。

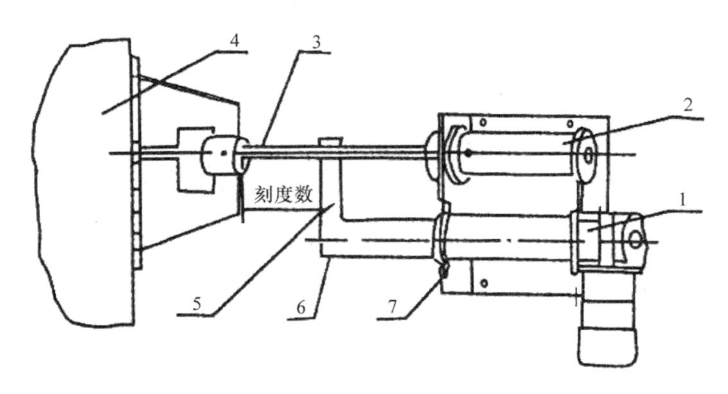

1. 调节机构 2. 动作气缸 3. 标尺 4. 料门 5. 调节臂 6. 螺栓组 7. 螺栓组

图 3-13　播量调节装置示意图

在播撒小粒干料或播量小时，使用精量阻种板调节器（图 3-14），在护种活舌已固定小播量位置时，再调整精量阻种板的位置。其他情况下，精量阻种板应收起，与护种活舌合在一起。

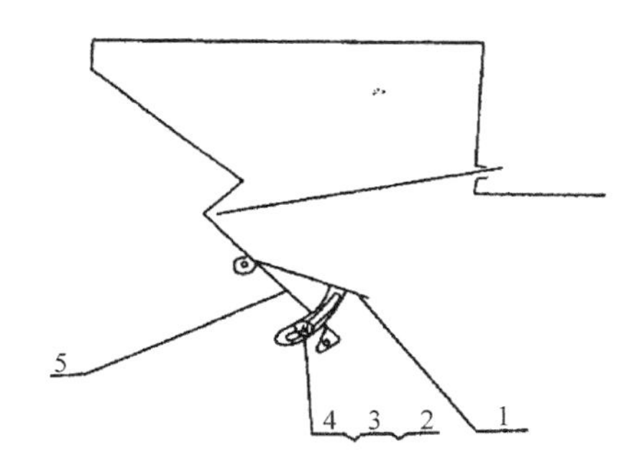

1. 精量阻种板 2. 螺钉 3. 垫圈 4. 弹簧垫圈 5. 护种活舌

图 3-14　精量阻种板调节器示意图

2. 播撒量调整

（1）地面静态流量调整

在地面，飞机干料箱内加入一定数量的干料（种子），按干料种类计算出播撒量。向大、小两个方向操纵面微调开关，调节臂就会相应向后或向前移动，调节臂移动时，注意观察标尺上的刻度，当达到要求刻度时停止电机转动。播量调节如表 3-5 所示。

表 3-5　播量调节表

播撒植物种	马尾松	油松	沙打旺	水稻		
播量/(kg/hm^2)	2.25	7.5	3.75	22.5	150	262.5
开度/mm	13	26	11	35	68	139

对于流量调节板的调整，前调节板为控制进入流道中种子的数量而设置，当发现播种均匀度较差，中间过密时，将中间调节板合拢些，反之将调节板向两侧分开。在地面将流量调节器打开，用秒表测定干料播完时间，计算出每秒钟干料的流出量，反复多次，直至达到设计要求。

(2) 空中测定

在地面调整准确后还要进行空中调试测定，飞机加干料，在地面开阔地每间隔 2 m 放置一个接种容器，要精确的计算好容器面积，飞机在空中按作业高度播撒 2～3 个往复，地面按照喷作业幅立好信号，容器按顺序编号，飞机播撒后要尽快确认容器中落粒数，再计算出每平方米落粒数及变异系数，达到设计要求后方可进行作业。在作业中，还要进行测试，如有变化要随时调整，保证播撒质量。

3.4　喷洒导航系统

随着技术的发展，如今的农业航空作业已经可以不用人工信号而全部依靠飞机搭载的导航系统完成地块的寻找和航线的选择。导航技术不但可以节省人工劳动力、节约资源，其作业效果也远优于人工信号引导下的飞机作业效果。现代导航定位技术的基础是全球卫星导航系统(global navigation satellite system，GNSS)，它通过空间在轨卫星与地面卫星信号接收机之间的相对位置解算地面点坐标，使精度满足应用要求的快速空间定位成为可能。目前，全球范围内已出现多种具备一定规模的 GNSS，在我国境内应用较为广泛的是美国研制的全球定位系统(global positioning system，GPS)和中国研制的北斗卫星导航系统

(BeiDou navigation satellite system,BDS)。受益于模块化 GNSS 接收机的成熟,导航定位技术得以广泛应用于各行各业,在农业航空领域体现在用于辅助有人机航空施药的喷洒导航系统。目前,我国使用较为广泛的喷洒导航系统包括美国 AgJunction 公司研发的 Satloc 系列产品、加拿大 AG-NAV 公司研发的 GUIA 系列产品、中国国家农业智能装备工程技术研究中心研发的航空植保导航系列产品等。喷洒导航系统与 GNSS 接收机深度集成,以定制化的地图界面为载体,能够通过智能航线规划得到横向重叠较小的喷施线路,从而引导飞行员完成重喷与漏喷程度较小的高质量喷洒作业。与地面信号员挥旗辅助导航主导的传统喷洒作业相比,使用喷洒导航系统进行的喷洒作业能够减少地勤人员的工作量,节省药剂的用量,提升喷洒航程在总航程中的占比,从而在提高作业质量的前提下,有效降低作业成本,同时提高作业的安全性。另一方面,由于作业不需要地勤人员的辅助,使用喷洒导航系统进行作业对地势和天气的依赖较小,可以扩大喷洒作业的空间与时间范围,在地势开阔且障碍物较少的区域,甚至可以进行夜间喷洒作业。夜间喷施更有优越性,夜间蒸发和漂移损失小,另外夜间植物气孔是张开的,更容易吸收除草剂和肥料,提高除草和施肥效率。此外,喷洒导航系统可以对喷洒作业全程记录,可以在作业后对喷洒记录进行回看,找出存在的问题,从而优化作业过程。

1. Satloc G4 系统

Satloc G4 系统(图 3-15)是美国 AgJunction 公司 Satloc 系列产品中的畅销型号,在北美、欧洲等农业航空水平发达地区推广多年,广泛应用于大型农场的喷洒作业。该系统由 GPS 提供定位信号,通过外置天线进行 GPS 信号增益,通过导航光条进行导航信息的单独展示,结合 Intelli Flow 喷洒控制产品进行变量喷施,通过深度集成,可以将普通飞机改装成由喷洒导航系统驱动的专业农业航空植保飞机。因 Satloc G4 使用前需要对飞机进行一定程度的改造,限于中国相关的试航政策,只在具有一定规模的通航公司得到应用。

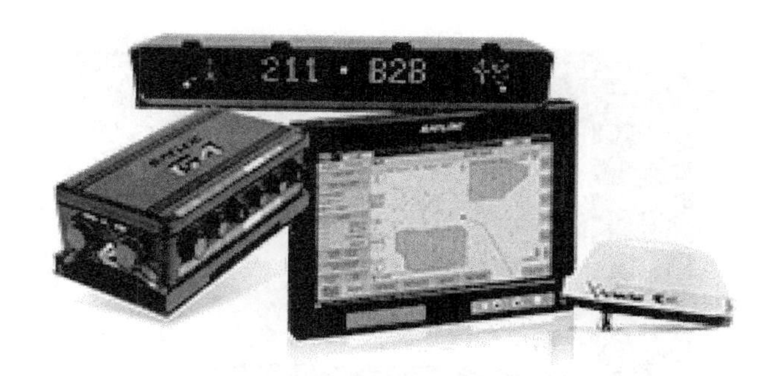

图 3-15　Satloc G4 系统

2. 航空植保作业导航与管理系统

航空植保作业导航与管理系统是由我国国家农业智能装备工程技术研究中心根据国内飞行员的使用习惯自主研发的一套基于 GNSS(支持 GPS 与 BDS)的面向有人机航空植保作业的农用飞机导航服务系统。该系统聚焦喷洒导航所需要的核心功能,适用于常用植保机型,提供集成度高的一体式机载终端设备,体积小巧、内置电源、安装方便。该终端系统可以独立支撑全流程的航空植保作业,也可以通过多种扩展设备进行功能增益,能与田间调查终端、远程管理系统进行无缝融合,拓展导航数据的来源和应用领域。

航空植保作业导航与管理系统针对航空植保作业前、中、后不同阶段的需求,提供航线规划、喷洒导航、作业回看功能(图 3-16～图 3-18)。航线规划工作可以在地面上由相关人员通过实地标绘或在卫星影像上绘制喷施区、障碍物等的边界线来完成,也可以在飞行中由飞行员通过标定基准线来完成,规划出的喷施线路能够根据相关参数智能覆盖作业区域。喷洒导航界面依照喷施线路提供航路指引、喷洒提示、障碍物预警、飞行路线显示等功能,也可以通过外扩传感器获取飞机的喷洒状态,从而实时显示飞机的作业轨迹,并对作业面积做出统计。历史作业数据可以在导航设备上进行本地查看,也可以通过移动设备导出交换文件,还可以通过云端共享回传到服务器,实现异地监控与查看。

图 3-16　航空植保作业导航终端

图 3-17　航空植保作业导航与管理系统航线规划界面

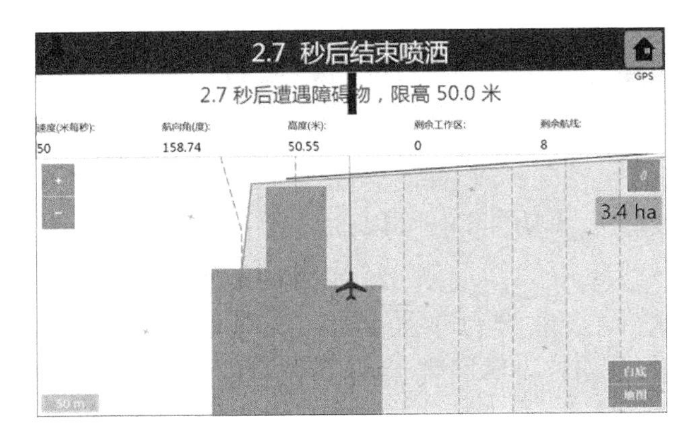

图 3-18　航空植保作业导航与管理系统喷洒导航界面

第 4 章　基础设施建设

4.1　跑道的准备与管理

1. 机场选址

农业航空作业机场选址要求如下。

① 净空条件好，高大建筑及林带远离跑道，跑道附近不得有高、低压线。

② 地势平坦，地势稍高于周围，地下水位低，表面坡度适当，排水和土质良好。

③ 尽量利用旧有场地，将机场选择在作业区中心和交通、水源、电力、通信方便的地方。

④ 跑道方向尽可能避开东、西，要与当地季节的恒风方向一致。

2. 农业航空作业机场的规格要求

(1) 水泥跑道

跑道长度 600～1000 m(不同机型所需跑道长度不一)，宽 30 m，跑道两端各有 50 m 的端安全道，跑道两侧要有 15 m 的侧安全道(图 4-1)。端、侧安全道都要求平坦，坡度不超过 2%，变坡差不超过 1%，不能有

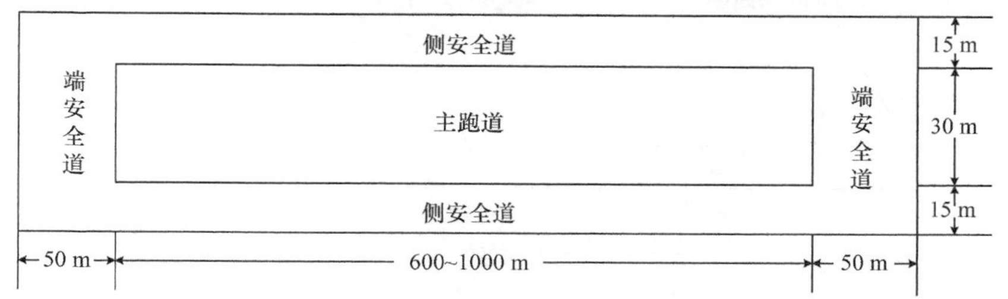

图 4-1　水泥跑道规格

水稻田或沼泽地，只能保留高度不超过 0.8 m 的软茎作物。

(2) 临时土跑道

在没有标准水泥跑道，但又要进行农业航空作业的情况下，可以考虑建一条简易土跑道，跑道长 600～1000 m，宽 25～40 m。跑道必须坚实，使用 5 t 机动车，以 2～3 km/h 的速度碾压。平整度要求直径 3 m 范围，起伏高低差≤5 cm，跑道 250 m，内纵坡≤1.5%，横坡＜2%，便于排水。

(3) 草原临时性跑道

草原作业应远离机场，可以选择净空条件好、地势平坦的草地建跑道。草皮跑道草的高度须≤15cm，割草时要保留 5～10 cm 草茬(限软茎植物)。草原跑道选址后也要碾压坚实平整，跑道长 600～1000 m，宽 25～40 m，四周插标志旗。

3. 机场净空条件

各类型跑道都要执行这一净空标准(图 4-2)。

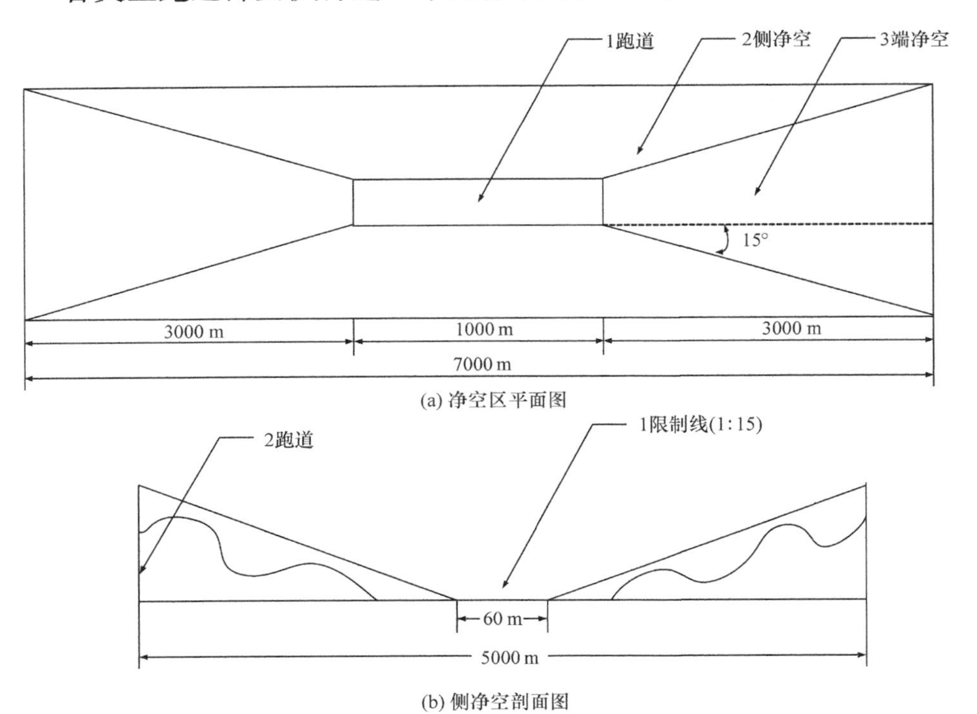

(a) 净空区平面图

(b) 侧净空剖面图

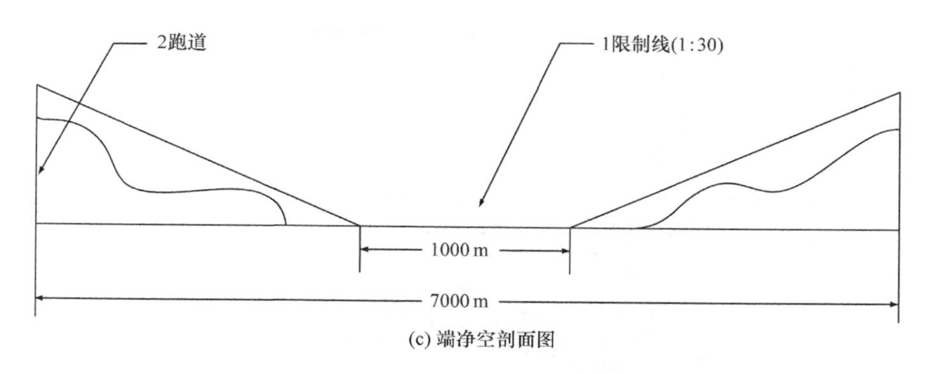

(c) 端净空剖面图

图 4-2　农用飞机跑道净空区平面及剖面图

① 机场净空长 7000 m，宽 5000 m，端净空由端安全道与侧安全道边界相交处起平面 15°向外扩展至净空区的边界。对障碍物的高度限制坡度为 1/30（端安全道末端为零）。

侧净空条件，自侧安全道边界起至净空边界，以及侧净空和端净空相邻接的地段，对障碍物的高度限制坡度为 1/15。

② 机场附近如架设电线应符合如下规定：高压线高≥30 m 时，距离跑道末端应≥2000 m，距离侧安全道端净空侧边均应≥500 m。水泥杆或木杆高压线，距离跑道末端应≥1000 m，距离端安全道端净空侧边均应≥300 m。

③ 修建临时跑道前要与有关航空单位取得联系，帮助开展选址等事宜，跑道修建完经验收后方可使用。

4. 机场布局和要求

机场房屋和建筑物应当尽量建在跑道的同一侧，高度应按照净空规定。机场布局示意图如图 4-3 所示。

图 4-3 仅表示停机坪和料场及各建筑物之间的最小距离，平面布置可因地制宜，房屋和建筑物高度应当符合净空规定。

(1) 药库

药库距离跑道侧边≥70 m，距离办公室、宿舍、饮水源及休息地点≥50 m，药库要建在下风向。

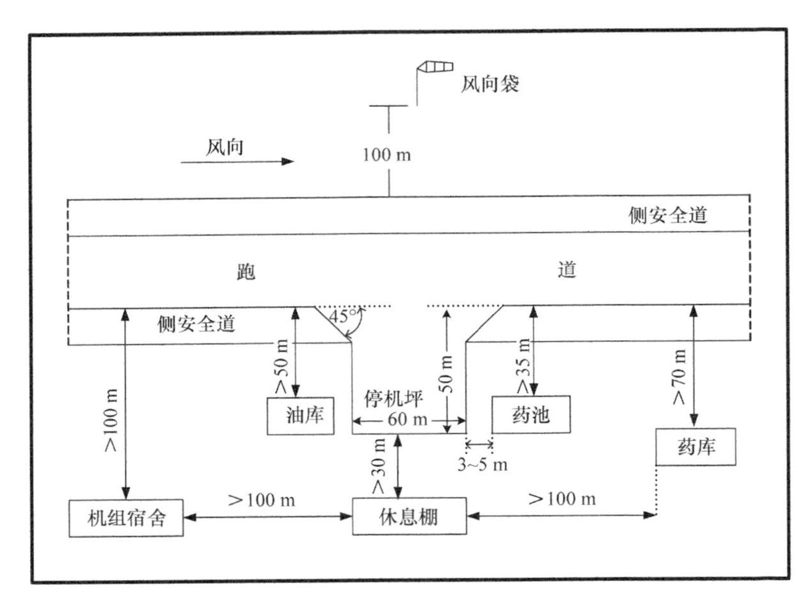

图 4-3　机场布局示意图

(2) 油库或装满油料的油桶

油库或装满油料的油桶距离跑道侧边及房屋、建筑物等≥50 m,距离停机坪、装料场≥50 m,为防止阳光直射,可建成半地下固定油库或搭设简易棚。

(3) 水池、药池和加药设备

水池、药池和加药设备距离跑道侧边≥35 m,距离停机坪≤5 m,有利于飞机加药为宜,高度不超过 1 m。

(4) 停机坪

停机坪应设在跑道中部或者两端的侧面,土跑道停机坪应布置在地势高爽、排水良好、土面平实处。为防止碎石打坏飞机螺旋桨,土停机坪需夯实或在螺旋桨下放置钢板。

(5) 地锚

土跑道或草原临时跑道都要埋设好地锚,可使用十字木架或十字水泥架。木架要做好防腐处理,也可使用可移动式螺旋地锚。地锚结构如图 4-4 所示。按照不同型号飞机规格,将地锚埋入地下,可移动式螺旋地锚使用方便,特别是临时性跑道,可以利用旋转将其固定。

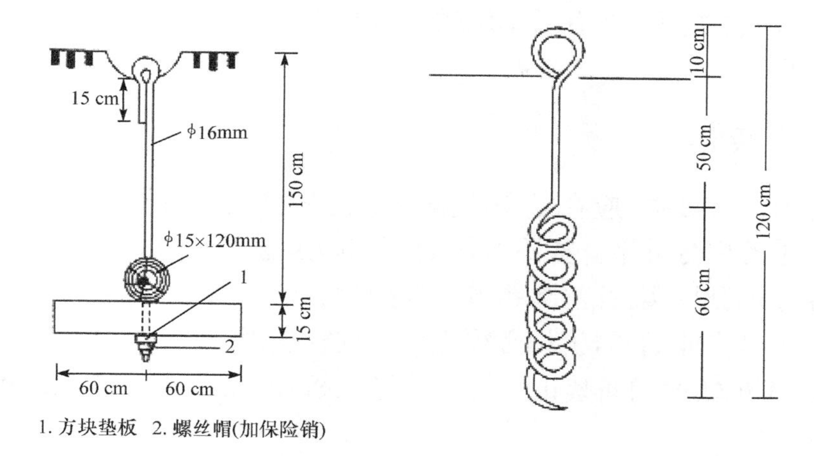

图 4-4　地锚结构图

(6) 机场标志

① 跑道四角各插一面红旗，如果是临时跑道，跑道两侧还要每间隔 50 m 插一面白旗，旗杆高度≤1 m。

② 在跑道纵向中心用白灰划一条宽 1 m 的复飞线(或用红白相间的旗帜做标志)。

③ 无论是水泥机场，还是临时机场都要配备标准的风向袋(图 4-5)。

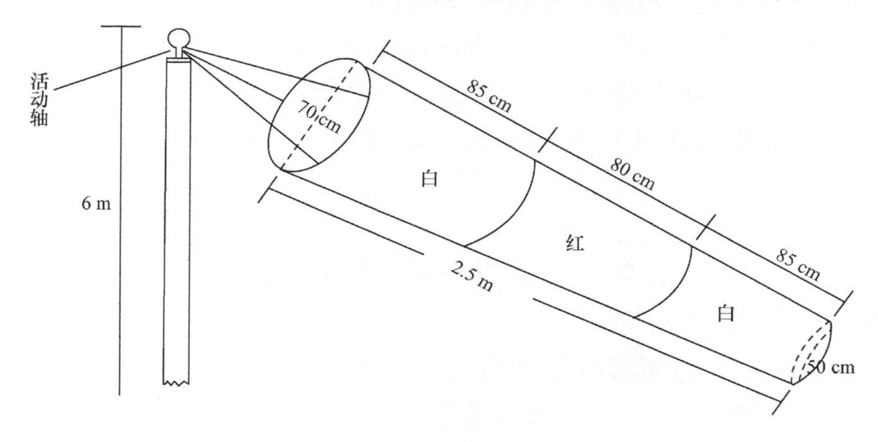

图 4-5　风向袋

风向袋红白相间，长 2.5 m，上口直径 70 cm，下口直径 50 cm，中间为红色，两边为白色，上口用 8 号铁线弯成的圆固定，下口不用固定，用 3 根软绳固定在有活动轴的 6 m 杆上，固定在停机坪对面跑道侧 100 m 处。

5. 机场管理

跑道如有破损，应在航空作业开始前积极组织维修，把所有起皮、裂痕严重的部分补平。拔除水泥缝间和跑道边的杂草，端、侧安全道要重新经过机械压实，并清除跑道上的杂物。

在飞机作业期间，机场必须遵守下列管理规定。

① 飞机作业期间禁止无关人员进入机场，工作人员应佩戴袖章或其他标志。

② 机场内禁止放牧，跑道和停机坪上禁止车辆行驶。飞机起降时，在跑道两侧安全道及起降方向距跑道端延长线 100 m 范围内，禁止车辆、行人、牧畜通过和停留。

③ 机场内应划定停车场及车辆、行人通过路线，横穿跑道处要有警卫人员维持秩序。

④ 机场须有警卫人员昼夜值班，机组应严格与警卫办理飞机交接手续。

⑤ 严禁无关人员触碰和乘坐飞机。

⑥ 距离飞机停放处 50 m 及油库等地严禁烟火，并设置明显的警告标志，停机坪、油库需备有沙土、防火工具和灭火器。

⑦ 随机备用器材和飞机上拆除的设备，必须妥善保管，不得露天放置。

4.2　直升机作业起降点要求

直升机作业必须有一个能安全停放直升机的中心起降点，以便作业结束后清理维护飞机，并保证直升机的安全存放。直升机每日从中心起降点出发去临时起降点作业，作业完成后返回中心起降点。

1. 直升机停放点要求

① 直升机场应至少设置一个最终进近和起飞区。最终进近和起飞

区的尺寸和形状应能包含一个圆，当直升机最大起飞质量大于 3175 kg 时，圆的直径不得小于 1.0 D，当直升机最大起飞质量等于或小于 3175 kg时，圆的直径不宜小于 0.83 D。上述 D 为直升机全尺寸。在确定最终进近和起飞区尺寸时，还需要考虑标高、温度等当地条件。

② 最终进近和起飞区任何方向的总坡度不得超过 3%，任何部分的局部坡度不得超过 7%。

③ 最终进近和起飞区的表面应能抵抗直升机旋翼下洗流(下吹气流)的作用。

④ 最终进近和起飞区的表面要没有障碍物，以及没有对直升机起飞或着陆可能产生不利影响的不平整现象。

⑤ 当接地和离地区位于最终进近和起飞区之内时，位于接地和离地区四周的部分应能承受直升机静荷载。

⑥ 最终进近和起飞区宜能提供地面效应。

⑦ 最终进近和起飞区所处位置宜最大限度减小可能对直升机运行造成不利的环境(包括湍流)影响。

⑧ 直升机中心起降点地面要求坚实、水平、平整、无杂物，滑行道要求无高秆作物。

2. 直升机机场净空条件(图 4-6 和图 4-7)

① 在目视气象条件下，直升机使用的安全区应从最终进近和起飞区的四周至少向外延伸 3 m 或 0.25 D 的距离(两者中取较大值)，同时安全区要求应满足。

② 当最终进近和起飞区为四边形时，安全区的每一外侧边长应至少为 2.0 D。

③ 当最终进近和起飞区为圆形时，安全区的外径应至少为 2.0 D。

④ 在仪表气象条件下，安全区的横向应从最终进近和起飞区中心线向两侧至少各延伸 45 m，纵向应从最终进近和起飞区端向外至少延伸 60 m。

⑤ 安全区应有侧向保护斜面。该斜面自安全区边界向上、向外以 45°角延伸至距离安全区边界 10 m。该斜面上不得有突出的障碍物，除

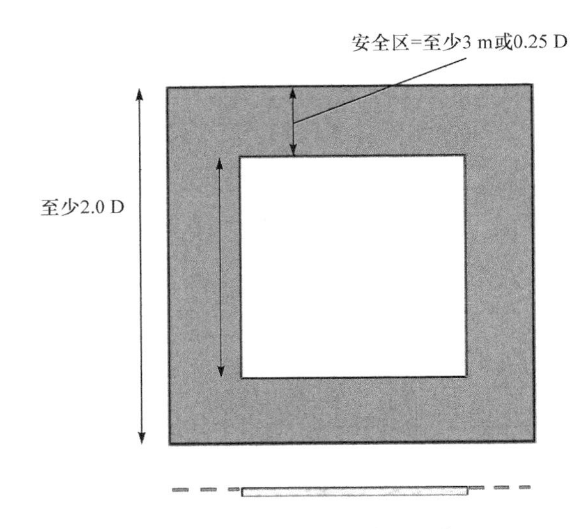

图 4-6　直升机临时起降点示意图

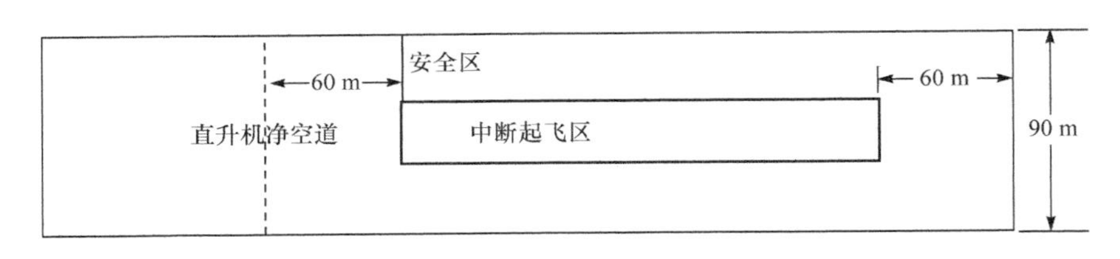

图 4-7　直升机起降点滑行道示意图

非障碍物仅位于最终进近和起飞区的一侧，方可允许突出于侧向斜面。

⑥ 除因功能要求必须设置于安全区内的易折物体，安全区内不得有高于最终进近和起飞区平面的固定物体。在直升机运行期间，安全区内不得有移动的物体。因功能要求必须设置于安全区内的物体，当距离最终进近和起飞区中心小于 0.75 D 时，高度不得超过最终进近和起飞区平面以上 5 cm；当距离最终进近和起飞区中心大于等于 0.75 D 时，高度不得超过以最终进近和起飞区平面上方 25 cm 高度为底边、向外升坡为 5%的斜面。

⑦ 安全区可不为实体，如为实体时，其表面不得超过最终进近和起飞区边界高度。

⑧ 安全区的表面应予以处理，防止直升机旋翼下洗流扬起漂浮杂物。

3. 直升机农业航空作业临时起降点要求(图 4-8)

① 加药、加油设备至少距离降落点 20 m。

② 在直升机起降,以及在地面期间,安全员要保证其他人远离直升机,确保人员安全。

③ 严禁烟火,注意防火安全。

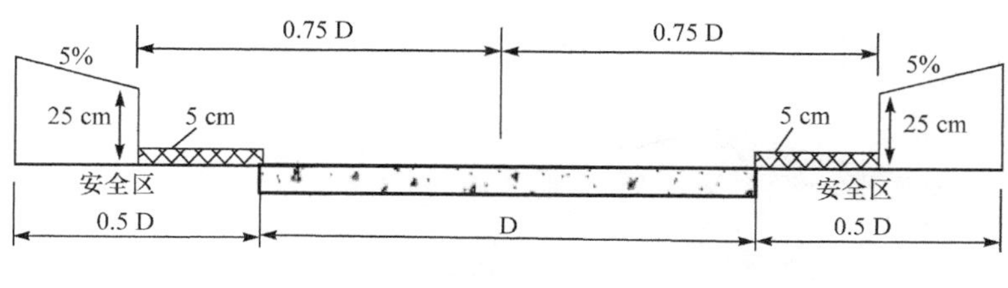

图 4-8 临时起降点要求

4.3 油库的建设及管理

航空燃油是易燃油品,机场油库属于易燃易爆场所。油库距离飞机停放位置应保持 30 m 以上,最低要求要能遮风避雨并通风良好。为了方便检查维修,油罐须安装到油库内的地上或半地下。油罐安装座应采用钢筋水泥结构并固定牢靠,杜绝下沉造成的各连接部位断裂。油罐、管路须使用不锈钢材料,油罐钢板厚度应根据油罐大小和使用材料确定,管路厚度应不小于 30 cm。航空燃油在管线输送和进罐接收过程中会产生大量的静电荷。静电荷集聚到一定的程度如不及时消除,当达到航空燃油闪点时,便会闪燃起火或爆炸。在雷电条件下,更易引起爆炸,而安全生产是最基本,也是最重要的,因此要优先考虑,具体工作要按照标准规定执行。

① 静电接地报警器须保持运转正常,在不接地的时候会有鸣音提示。静电接地线电阻应小于 1 Ω。所有管线、设备的静电连接必须用铜排连接。金属储罐的呼吸阀、量油孔、通气管均应与罐体等电位连接,与储罐共用一个接地装置,并与库区接地干线等电位连接。油泵、过滤器和接入泵棚内的金属管道均应与油泵顶棚防雷设备共用接地装置。

管道连接的法兰盘容易发生锈蚀绝缘的现象，造成感应电流在此不能顺利通过，有可能导致跳火引发火灾，因此法兰盘处应用金属线跨接，连接电阻不大于 0.03 Ω。当法兰盘用 5 根以上螺栓连接时，可不跨接，但必须形成电气通路。油库应安装避雷设备，避雷针高度不低于 10 m，避雷针接地电阻应小于 1 Ω。图 4-9 为油库及加药设备示意图。

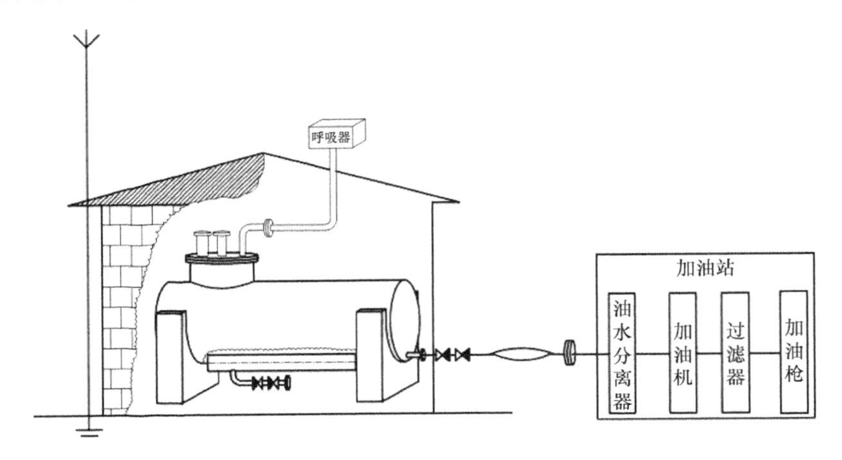

图 4-9　油库及加药设备示意图

② 油罐安装在地上或半地下，方便检查维修。油罐要放在遮风避雨的房屋内，通风良好。储油罐须采用不锈钢板且储油量不低于 20 t。不锈钢输油管线直径宜为 4.8 cm。油水分离器、加油机、过滤器须采用航油专用的标准规格。排气管线直径宜为 5 cm，量油孔 4 寸（1 寸＝3.33cm），注油孔 3 寸（三者在储油罐顶部），呼吸阀（阻油并可使气体顺利排除）距离地面应不小低于 4 m。油罐各进出口均应上锁。排污口（储油罐底部）及出油口加双阀门。阀门、法兰盘、口盖要求采用耐航空燃油的密封垫，软管均应使用耐腐蚀的标准管材。油库各种管件要求如图 4-10 所示。

③ 焊缝均为连续角焊缝，焊脚尺寸须按照国家标准执行。焊接后所有焊缝应打磨平整，使用前应清洗干净并保持干燥，储油罐内部不得有任何焊渣和杂物。加油管的长度须大于 20 m。图 4-11 为加油设备模式图。

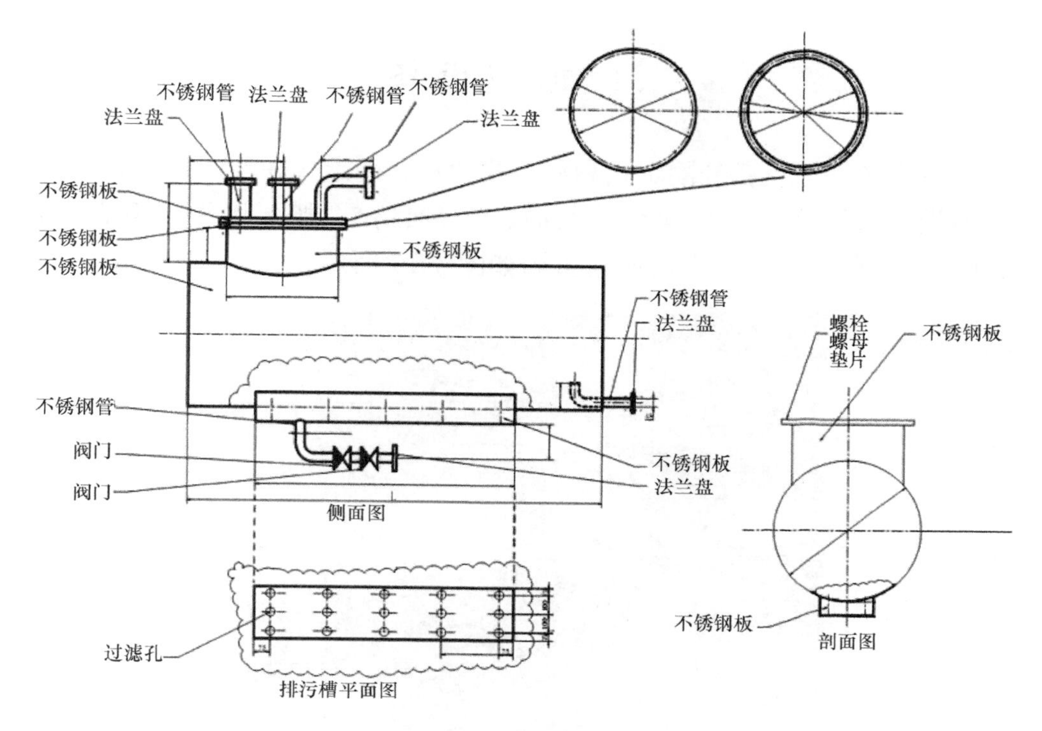

图 4-10　油库各种管件要求

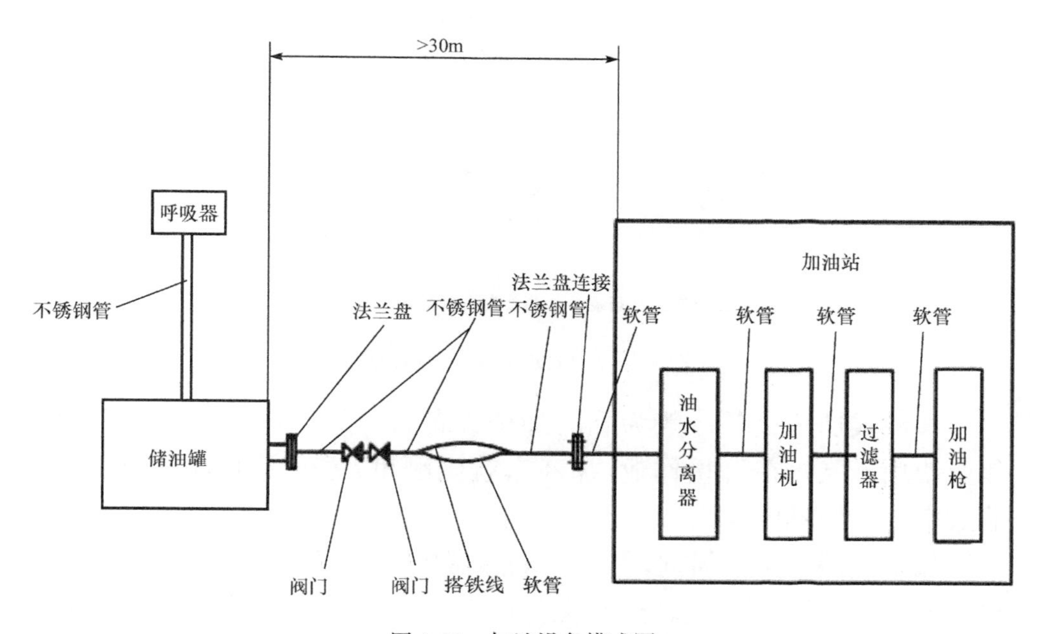

图 4-11　加油设备模式图

4.4　加药设备

飞机场加药设备分固定式和移动式两种。固定式加药设备(图 4-12)一般设在机场,由水池(罐)、母液桶(箱)、加药泵、加药接头等组成(图 4-13)。直升机临时起降点加药布局如图 4-14 所示。

图 4-12　固定式加药设备

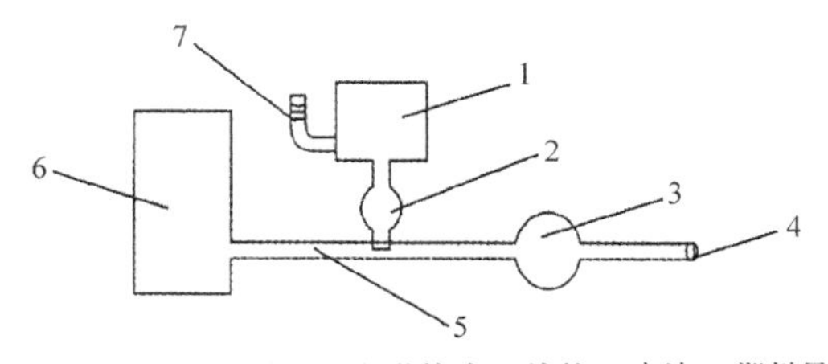

1. 母液桶 2. 开关 3. 加药泵 4. 加药接头 5. 液管 6. 水池 7. 塑料量标尺

图 4-13　固定式加药设备示意图

移动式加药设备一般为临时加药设备,适用于临时机场和直升机作业使用。飞机在哪里作业,加药车就到哪里,方便及时,既可提高作业效率,又可降低成本。

如果使用可湿性粉剂,须用一个容器先将可湿性粉剂配制成母液,再加入药池配制成喷液。药剂搅拌时药液会产生大量泡沫,可在药液

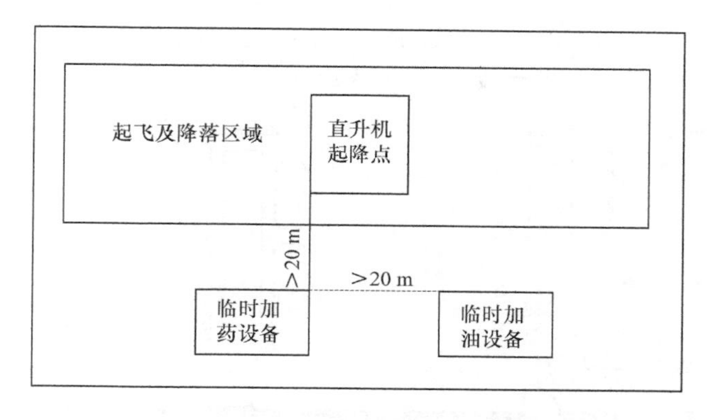

图 4-14　直升机临时起降点加药布局

中加入少量抗沫剂。向药池中加药液和水的时候，药液和水均需经过 200 目的筛网的过滤，药泵上也需要有 200 目的筛网，以确保喷头不被药液中的杂物堵塞。

4.5　宿舍的建设及管理

1. 机场宿舍标准参考(图 4-15)

① 为了适宜人员居住，宿舍建议按 2 层楼设置。如条件不允许，也可设计为平房，但必须保证规划合理，相关设施使用方便。

② 坚持安全和高效的原则，宿舍必须和油库、加药池、储药仓库等设施保持足够的安全距离，但又不能距离机场太远。有安全清洁的水源，必须保证能使用清洁的饮用水和生活用水。

③ 为保证机组人员充分休息，建议为机长和机械师提供单独房间。

④ 室内卫生间和淋浴设施。

⑤ 生活电器，如电视、洗衣机、热水器、空调、冰箱、消毒柜。

⑥ 为工作提供便利的通信设备，如电话、网络宽带等。

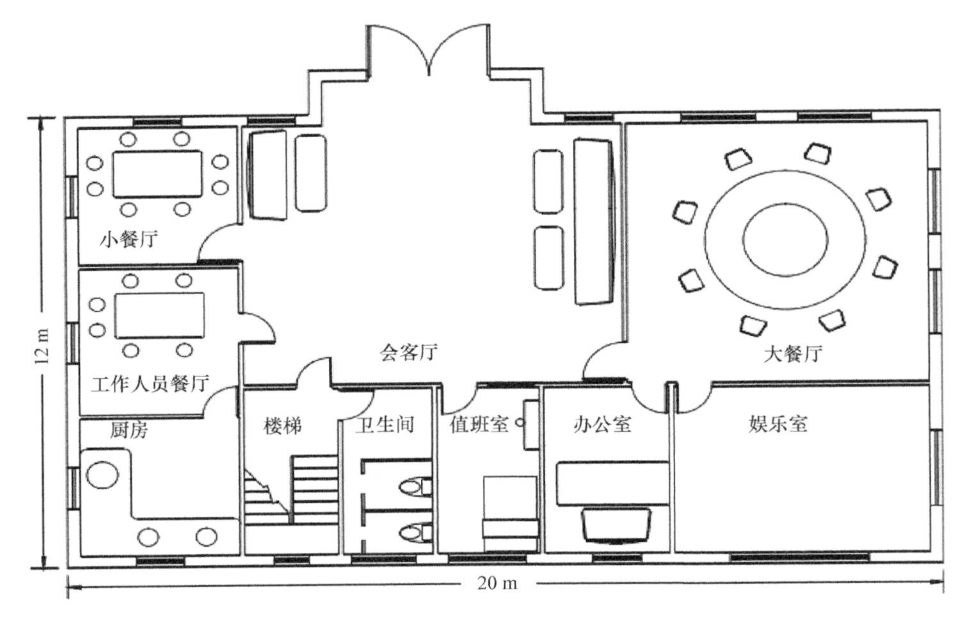

(a) 机场宿舍一层示意图

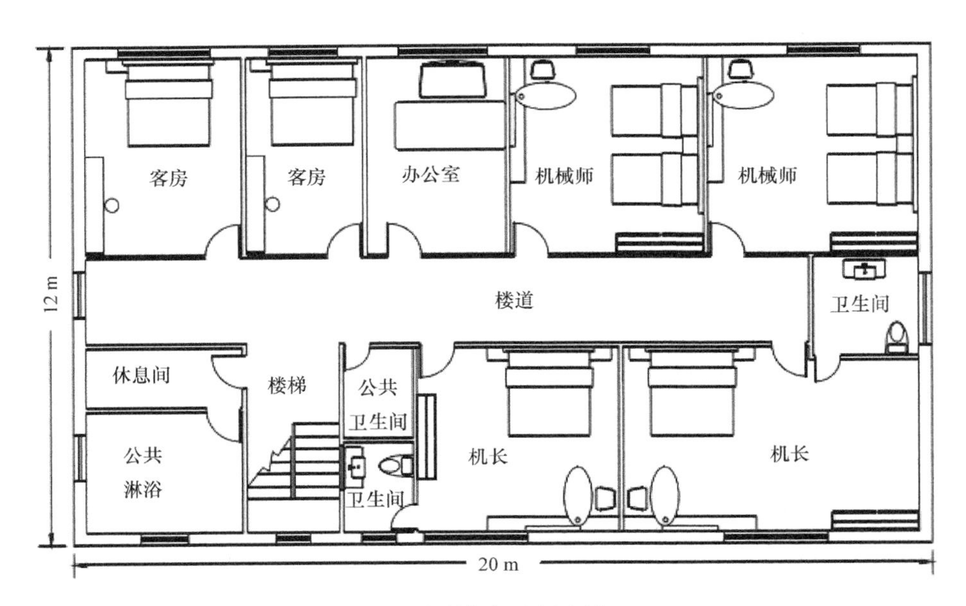

(b) 机场宿舍二层示意图

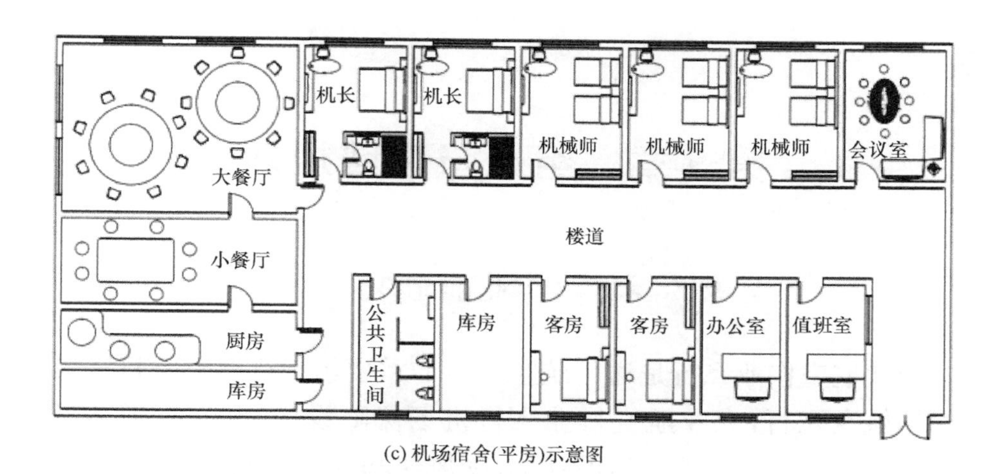

(c) 机场宿舍(平房)示意图

图 4-15　机场宿舍标准参考图

2. 航空卫生管理

为确保飞行人员身心健康，保证飞行安全，提高作业效率，根据民航相关法规作如下规定。

① 为飞行人员提供饮食服务的人员上岗前应做健康检查，确认无传染病者方可上岗。

② 炊事人员要具备一定水平的烹饪及饮食卫生知识，常剪指甲，工作时要穿工作服、戴工作帽。

③ 厨房、宿舍要安装纱门、纱窗。宿舍要挂蚊帐，周围环境要清洁，通风良好，要常晒被褥。

④ 食品应新鲜卫生，禁食腐烂变质食品，严防食物中毒，刀板生熟、荤素要分开，不用时用纱罩盖起来。

⑤ 飞行人员及地勤人员所用餐具应消毒(蒸、煮皆可)。餐具不得混用，以防传染病发生。

⑥ 夏季作业期间，各机场应对飞行人员工作、休息场所采取综合性的防暑降温措施，配备充足的洁净饮用水，防止肠道传染病的发生。

⑦ 为确保飞行员身体健康，防止农药中毒，航化作业后必须有淋浴场所。

第5章　组织与区域规划

5.1　作业前组织

农业航空作业飞行是通用航空飞行的重要组成部分。不同于其他的通用航空飞行，农业航空作业飞行机场保障设备简陋、生活条件艰苦、通信手段落后、作业环节不规范、受风速和气温影响大、受地区小气候制约性强、作业季节短、飞行强度大。这些因素都会给飞行安全带来隐患，给保证高质量飞行带来困难，给双方的经济效益带来很大的影响。因此，在现有的条件下，只有加强农业航空作业飞行各阶段的组织管理与保障，才能创造良好的作业氛围，确保农业航空作业的飞行安全，有效地提高作业质量，使双方都取得良好的经济效益。

1. 调机前飞机场组织与保障

① 作业单位需对跑道、停机坪进行维修和清理。将侧、端安全道刮平压实，按要求布置安全旗，画出清晰的复飞线。临时跑道要在飞机进场前，重新对跑道和停机坪压实，防止飞机试车时卷起的砂粒使螺旋桨受损。

② 作业单位对加油、加药设备进行启封维修，使之处于良好的工作状态。作业单位将作业时加药用的水罐、水池、加药管等清洗干净，注入清水待用。对加油管路及油罐进行检查清洗，并确保地线接触良好。

③ 机场要配备足够的消防设备，并对器材进行检查，过期的设备须立即更换。

④ 作业单位要对上年度库存的航空油料进行化验，合格方可使用。航空油料必须在飞机到达前24小时运到机场并沉淀。

⑤ 打扫维修机组人员宿舍，清洗被褥、床单、蚊帐等用品，检查和维修自来水设备。

⑥ 机场卫生管理必须遵照《中国民用航空航空卫生工作规则》执行，并配备急救箱和药品。

⑦ 作业农场须在飞机抵达前将作业所需工具箱及维修设备等航材运达飞机场，并妥善保管。

⑧ 准备好飞机作业地图和作业计划。

2. 调机前机组组织与保障

① 做好飞机及喷洒设备的维护调试工作，保证飞机运行状态良好。做好飞行、地勤人员的农艺技术培训工作。

② 明确机组人员和机长责任制，如两架飞机以上在同一机场作业，须有专人负责指挥调度飞机。

③ 携带必要证照文件和航材。

④ 准备好转场地图，校对有关航行资料，计算转场可飞时间和剩余油量，并做好飞机转场中途返航和特殊情况下备降的准备。

⑤ 与管制单位协调空域及航线。

⑥ 作业单位负责报告气象条件，并保持通信畅通。

3. 飞行预先准备与保障

(1) 机场负责人

① 确定作业日期和休息时间表。

② 向机组人员告知所喷洒药剂的配方及注意事项。

③ 向机组提供作业计划及作业地图。

④ 配备应急保障车辆。

⑤ 直升机作业需提前选择临时起降点位置，并做好起降点清理工作。净空条件及降落点条件要征得机长同意。

⑥ 给机长提供 GPS 导航点。帮助机长完成 G4 的设置。

(2) 作业机组

① 机长须确认跑道设施及净空条件。

② 机械师根据农艺要求检查调整喷洒设备，使喷洒设备处于良好状态。

③ 机械师检查供油设备和航油品质。

④ 机长须制定航行作业路线及计划，并选择备降方案。

5.2 作业中组织

1. 飞行准备与保障

(1) 机场负责人

① 飞行计划必须提前一天制定，并核对作业地图。

② 地面保障人员须提前到达机场，并做好准备工作。

③ 确保信号员到达指定位置，保持联络通畅。

④ 确认作业区域气象条件、地面情况等信息。

⑤ 核对喷洒药剂配方及用量。

⑥ 协调地面保障人员与机组的配合。

⑦ 直升机作业，药车、油车须提前到达临时起降点，并保证起降点的安全工作。

(2) 作业机组

① 掌握气象条件，并根据气象条件及跑道状况调整飞机载药量。

② 机长、机械师和地面保障人员协调沟通方式。

③ 完成飞机航前检查，确保飞机运行状态良好。

④ 机长须了解喷洒药剂的注意事项。

⑤ 机长须明确飞行作业区域的忌避点(忌避作物、鱼塘、蚕场、蜂场等)及障碍物等。

⑥ 机长做好特情处置准备。

⑦ 机械师时刻注意飞机剩余油量，严格检测航油样品。

2. 飞行实施阶段组织与保障

(1) 机场负责人

① 飞机降落前做好加油、加药准备。

② 维护机场秩序，防止行人、车辆等穿越跑道。

③ 严格掌握机场的天气变化，如遇突发恶劣天气，须及时联络、协调机组和地面保障人员，并做好应对措施。

④ 随时掌控田间反馈，及时协调机组和地面保障人员之间的沟通。

⑤ 两架飞机在同一机场作业时，在作业区域安排的两架飞机必须在不同方向作业。

⑥ 按药剂配方规定数量准确配比药剂，不准任意增减药剂，不得随意改变配方，如要改变配方须获得机场农艺师的同意。

⑦ 地面保障人员要注意自身的安全，调配药剂时须佩戴胶皮手套、口罩，不吸烟、不吃食物，发现身体不适，要及时就医。

⑧ 农业航空作业喷洒的药剂中必须加入适量的助剂和航空沉降剂。

(2) 作业机组

① 保证作业质量，无特殊情况不得随意改变作业计划，如需更改作业计划，须及时与机场负责人沟通。

② 起飞前严格做好航前检查，确认正常后方可起飞。

③ 严格控制喷洒作业高度和喷液量(流量)，根据作业时的风向、风速确定开、关药门及拉起时机，并做好补充喷洒。

④ 及时掌握气象变化情况，严格按规定气象标准作业，超出标准立即停止作业。

⑤ 时刻注意飞机状态，如有问题及时与机械师沟通。

⑥ 飞机降落后，机械师须及时检查喷洒设备、过滤系统和药箱，如喷嘴有滴漏、堵塞现象要及时排除。

⑦ 作业结束后，及时清理并做航后检查工作，确保飞机运行状态良好。

5.3　飞行作业后组织与保障

1. 机场负责人

① 及时总结，找出不足，并制定整改措施。

② 积极采纳机组和地面保障人员的改进意见，并协调互相反馈的意见。

③ 与机组核对作业单及作业面积，完成第二天的飞行作业计划，并做相应布置。

2. 作业机组

① 随时对工作进行总结，并对工作中的不足及时整改。

② 积极配合机场负责人，协调与地面保障人员的工作。

③ 核对飞行记录单，确认无误后，机长与机场负责人共同签字以备结算。

④ 填写飞行、机务有关资料及单卡。

⑤ 将作业进度及时反馈给公司，以便统一调控。

以上所述为农业航空作业地面组织与保障的工作及细节。在具体实施中，要具体问题具体分析，在实践中不断加以探索、总结和完善。保障是农业航空的基础，良好的组织可以保证农业航空的安全与高效，二者紧密配合方能创造良好的飞行环境和安全氛围，为提高作业质量和经济效益提供有力的保障。

5.4　信号与导航

信号是飞机按预定路线进行作业的依据和标志，分为人工信号和GPS导航信号。目前，飞机作业多用GPS导航信号，其精准性高，不易出现错喷、漏喷等情况，并能对已作业地区良好的记录，方便查阅。人工信号现在多作为GPS信号的一种补充。

1. G4导航信号的使用

（1）开机设置

开机后，系统会自动进入“Start Setup”开机设置窗口，切换中文语言以便进行作业基础设置。

① 语言选择。

点击图 5-1“SETUP”→图 5-2“SCREEN”→图 5-3“Select Language”→图 5-4“Chinese. msg”。

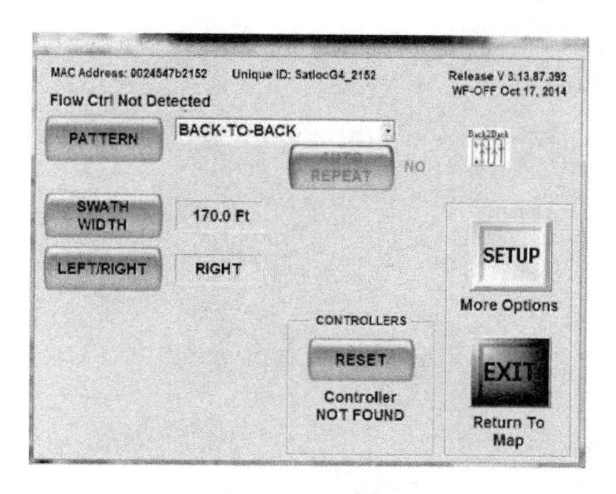

图 5-1　语言选择 1

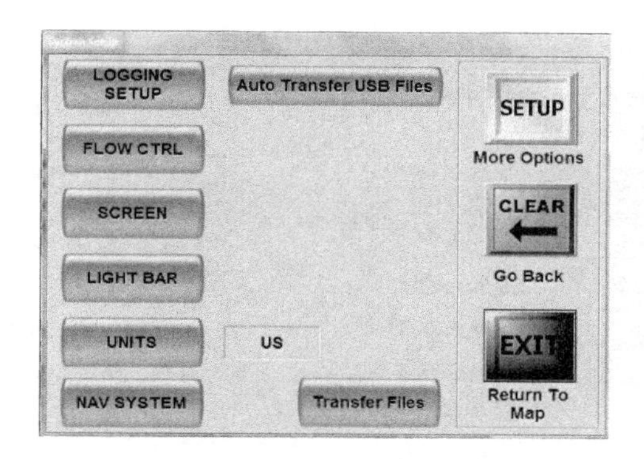

图 5-2　语言选择 2

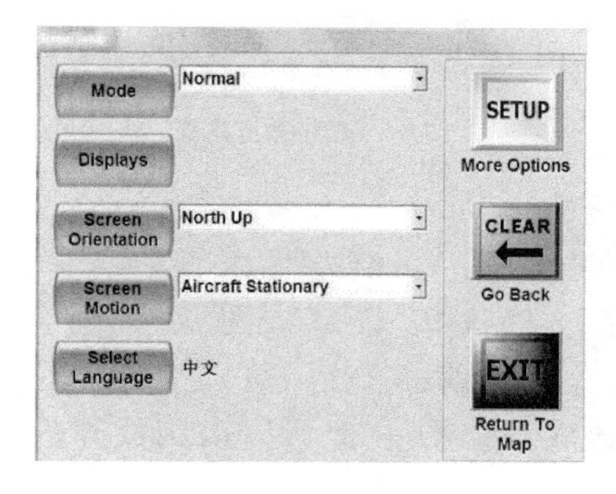

图 5-3　语言选择 3

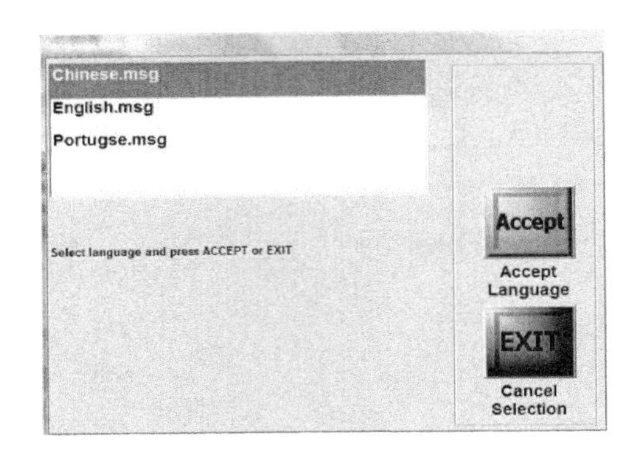

图 5-4　语言选择 4

② 喷洒模式选择。

点击“喷洒模式”选择喷洒模式，点击“左/右”切换喷洒方向（图 5-5）。

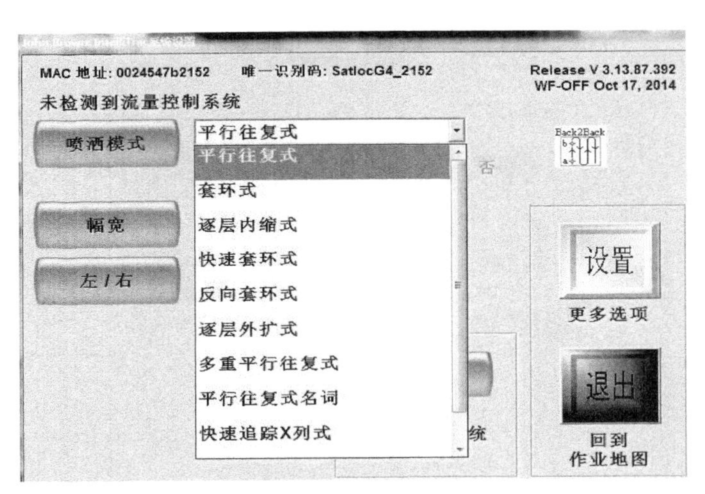

图 5-5　喷洒模式选择

③ 喷洒幅宽设置。

系统内置 8 种喷洒模式，可供选择，以下为喷洒模式简图（图 5-6）。

在“开机设置”界面选择“幅宽”（图 5-7），会弹出下面的数字输入窗口（图 5-8）。输入所需幅宽后，可以按绿色的“确认”键确认，幅宽将变成输入的数值。如果按“退出”键，则放弃输入，退出数字输入窗口。

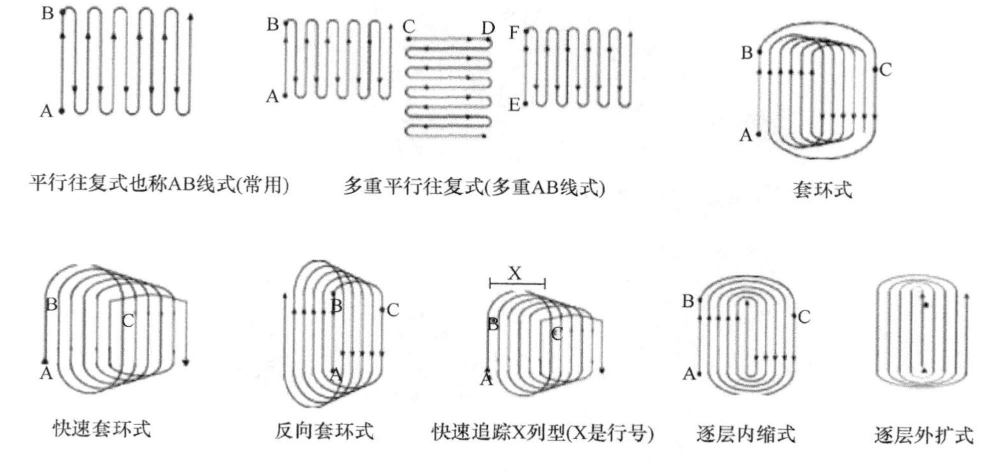

图 5-6　喷洒模式简图

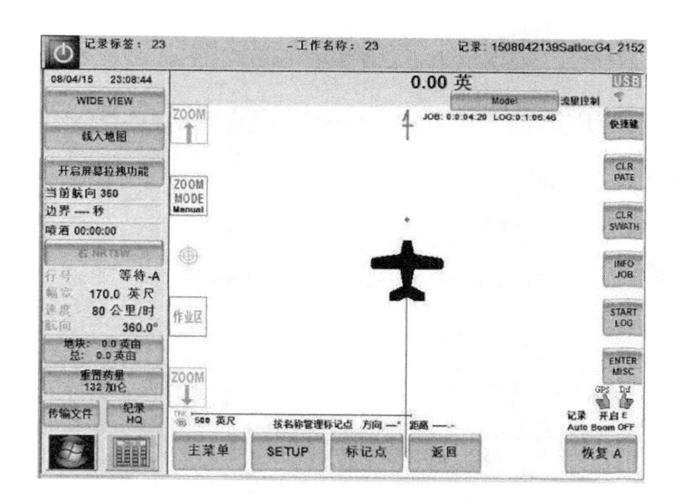

图 5-7　开机设置窗

④ 记录的开启和关闭。

按“记录 HQ”(图 5-7)，会弹出“Logging”窗口(图 5-9)。在“Logging”窗口，可以开启和关闭作业记录。

选择第一行的“开始新记录”键开启记录；选择“关闭记录”键关闭记录。选择完成后，按红色“退出”键退出。

⑤ “Log”文件的查找与导出。

“Log”文件的查找：点击“SETUP”→“设置”→“记录设置”→“查看

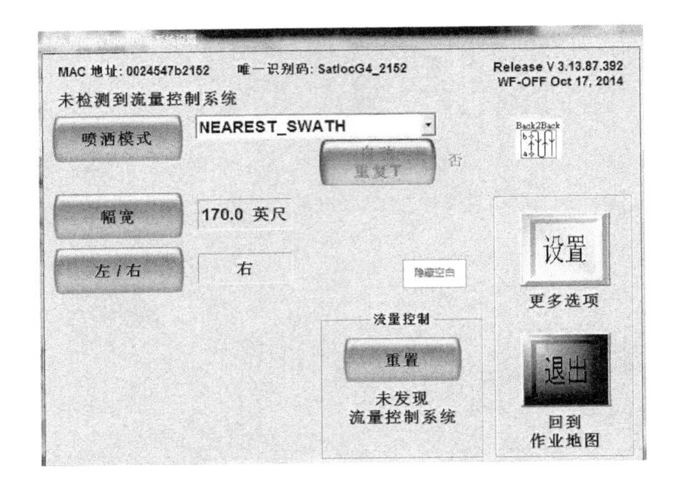

图 5-8　喷洒幅宽设置

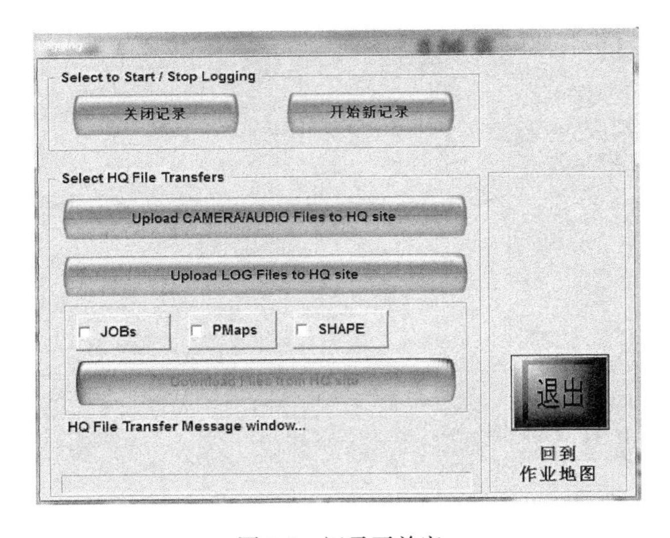

图 5-9　记录开关窗

记录”→选中想要查找的文件至“蓝色”→“选择”。这时选择的文件即会出现在工作界面上。

“Log”文件的导出：点击“传输文件”，弹出“File Transfer”界面(图 5-9)，或者点击“SETUP”→“设置”→“文件传输”，弹出“File Transfer”界面。

(2) 开始工作(设置导航线)

完成开机设置后,退出"开机设置"窗口,进入"喷洒地图"界面。这时,可以进行导航线设置,并开始喷洒工作(图5-10)。以AB平行往复式为例,设置步骤如下。

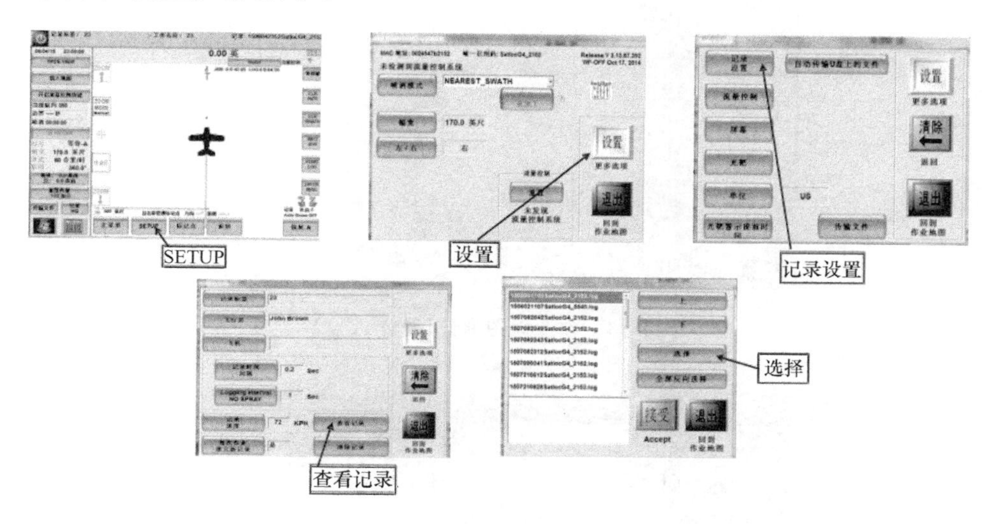

图5-10 设置导航线

① 设置A点。进入作业地图后,屏幕右下角会出现"恢复A点"键,按该键一次(或按驾驶舱左手边的进行开关),即可将当前飞机所在的位置设为A点(图5-11)。

② 设置B点。A点设好后,屏幕提示设置B点,按右下方"恢复B"键(或按驾驶舱左手边的进行开关),将当时飞机所在位置设为B点(图5-12)。

③ B点设置完毕,AB导航线立刻生成,同时在AB线的右侧,按幅宽设置生成数条平行的导航线,可以开始导航作业。系统将自动为每一条导航线编号,AB导航线为R001(即右侧第一行),行号从左向右依次递增(R001,R002,R003,…)。每喷洒完一行,按屏幕右下角的"ADV"(进行)键(或按驾驶舱左手边的进行开关),蓝色导航线向下一行移动,并且光靶将指示如何对准下一行。如果不慎发生漏行,需要将导航线退回时,可以使用"DEC"(退行)键,蓝色导航线将逐行退回。

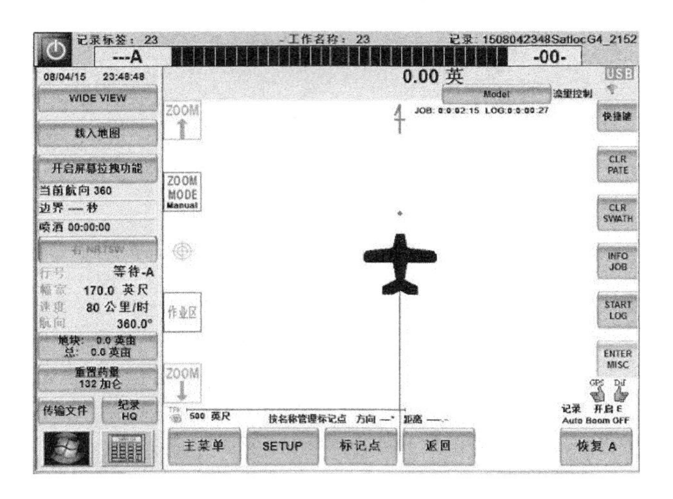

图 5-11 作业地图窗口(设置 A 点)

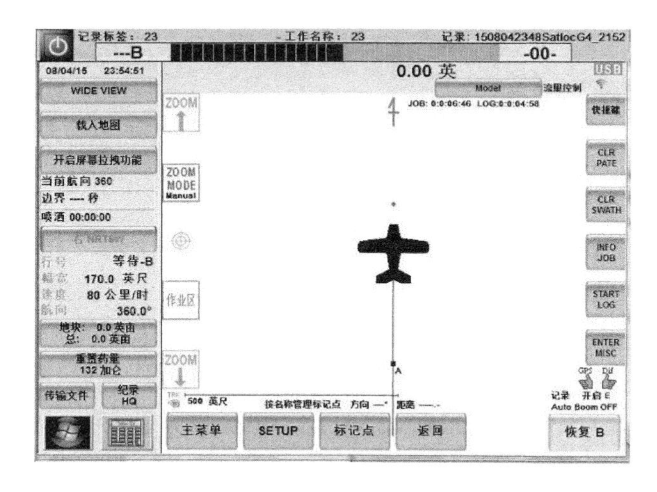

图 5-12 作业地图窗口(设置 B 点)

虽然上述操作都可以通过屏幕进行，但在实际飞行喷洒过程中，为了安全和方便，建议使用驾驶舱左手边的进行开关，设置 A、B 点(C 点)或者每次喷洒完一行后的进行。

(3) 标记返回点

在作业过程中，因某些情况(如天气变化、药液用完或当天工作结束等)，需要暂时中断喷洒作业时，可以使用标记返回点的功能。在中断作业的位置标记一个返回点，然后在下次作业时，将返回点调出，即可从中断的地方继续作业。

记录返回点:“标记点”键+返回点号。

如图 5-13 所示,在作业地图窗口,按“标记点”键,会跳出数字键盘。在数字键盘中输入标记点号(如 2),系统会自动记录此返回点(M2),并返回喷洒地图界面。如果放弃记录,则按退出返回作业地图。返回点记录成功后,喷洒地图上会显示返回点号和位置。

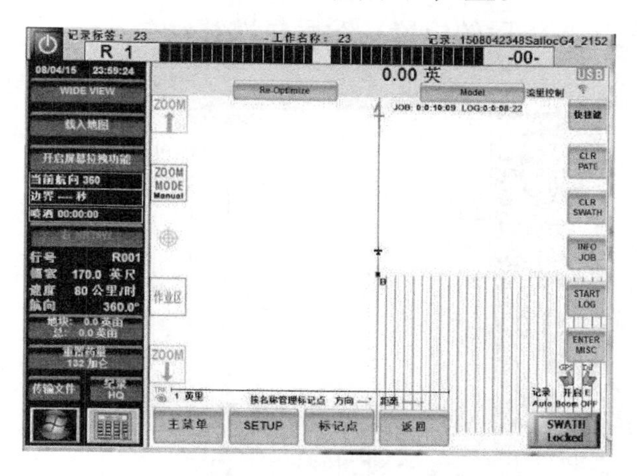

图 5-13　作业地图窗口(设置返回点)

2. 人工信号

人工信号分固定信号和移动信号两种。固定信号应采用飞行员在空中极易辨别的多种颜色组成的地标,同一喷幅用同一种颜色,按照不同颜色规格插上标志。目前垦区仍使用人工信号的农场以移动信号为主。农业航空作业前,在作业区域按喷幅要求插好标记,信号员按标记站位,引导飞机作业。农业航空作业飞机必须按信号引导飞行,准确进行喷施,无信号地块飞行员停止作业。信号员应执行如下规定。

① 作业前,机组配合机场方面组织和培训信号队。信号员必须能够熟练使用规定信号,明确移动和排列方法,并准确及时地引导飞机进行喷施作业。

② 信号旗的颜色多选用橘黄色、红色和红白相间颜色,以橘黄色为最佳选择(油菜作业不能使用),其在绿色作物中明显。

③ 信号旗要标准，不可用其他物品代替。信号旗规格 80 cm×80 cm，旗杆长度 1～1.2 m，旗杆长度不得超标。

④ 信号队由机场统一指挥，并时刻保持联系畅通。信号员应熟悉作业区域地形。

⑤ 信号员按作业开始前做的标记引导飞机，信号员无权增大和缩小喷幅间的距离。信号员引导最初一个喷幅时，应站在第一个喷幅的中心（经过修正风的影响以后的位置），然后每次移动一个喷幅（图 5-14）。

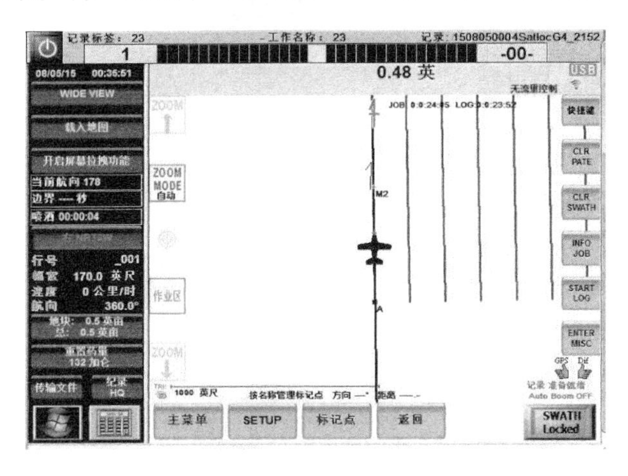

图 5-14　喷洒作业窗口（引导喷幅）

⑥ 侧风飞行时，信号员应引导飞机，从下风头向上风头作业。这样可以避免飞机在药雾中飞行，防止飞行员发生药物中毒，避免药液遮盖驾驶舱玻璃，影响视线，危及飞行安全。逆风向作业也可避免信号员在药雾中引导飞机。视野良好地区可间隔 1000 m 设一名信号员。

⑦ 信号员在飞机到达前进入预定位置，并通知机场。信号员听从指挥，统一按照规定距离移动，严格保持直线，不得在已作业的地段留下信号，不得将信号旗立在地面。如果是串联法、套喷作业，要设置 2～3 个信号队，信号员在一个喷幅作业完毕应立即卷起信号旗，不得摇动。

⑧ 信号员见到飞机后要左右大幅摇动信号旗将飞机引导到正确航线。飞机转弯时，信号员也要不停摇动信号旗，在飞机对准航线后，信号员须快速离开，移动到下一喷幅。如作业区域有防护林，信号员要在距林带 300 m 处站位设信号。

⑨ 信号员要站在明显的开阔地带，注意观察飞机作业情况，如发现重喷、漏喷、错喷、飞行高度不符合要求等情况要及时向基地报告。信号员要向当地群众做好宣传工作，远离作业地带，不要用石块和木杆打飞机，更不要在自家地块设置虚假信号。

⑩ 根据不同地形的作业区域，信号员可采取下列方法引导飞机作业。

第一，在狭长地带作业，信号引导(图 5-15)应让飞机采用穿梭法作业，将所载药物来回一次喷完效率最高。如果作业地段太长，可以采用分段穿梭法将地块分为若干地段喷洒，但分段长度不小于 4000 m(这类地块多属草原灭虫、撒播草籽、树种等作业)，标准转弯通常应向信号移动的反方向进行(图 5-16)。

图 5-15　信号引导

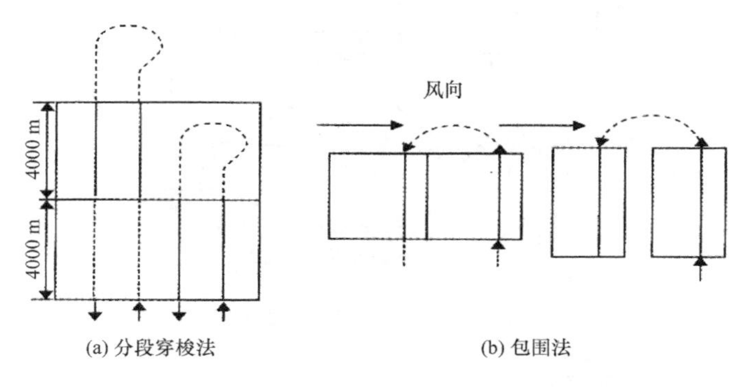

图 5-16　信号员引导方法

第二，在宽度大于 1200 m 或者在两个位置大致平行，面积基本相等的地块作业，采用包围法效率高。采用包围法作业要设两组信号，引导如图 5-17 所示。

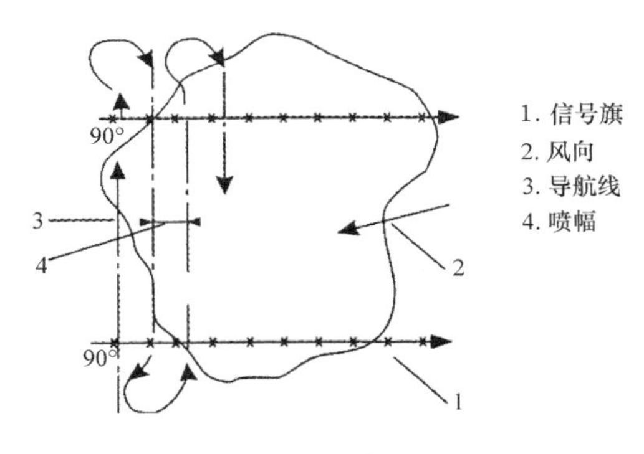

图 5-17　正确信号引导

第三，在小地块分散地段作业时，如果两地段在一条线上，可以采用串联法喷洒。如果两地段分布在机场两端，相隔 5000 m 以内，也可以采串联法喷洒。以上方法同样适用两个以上作业地段，并且可以根据情况在每个地段通过一次或两次(图 5-18)。

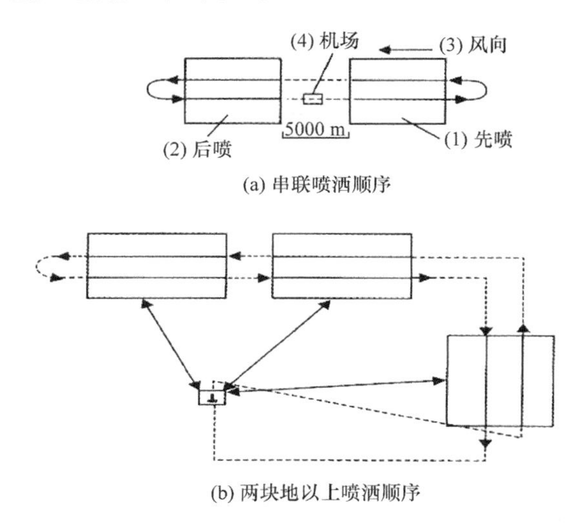

(a) 串联喷洒顺序

(b) 两块地以上喷洒顺序

图 5-18　飞机喷洒示意图

⑪ 空、地信号联系规定。

飞行员和信号员之间靠事先规定好的信号沟通。信号规定如下。

第一，高举旗左右摇动，表示要进行喷洒作业。

第二，将信号旗卷起来，垂直夹在腋下表示停喷。

第三，信号旗放在地上表示喷完。

第四，飞机连续摇晃机翼表示短时内作业结束，不会继续在此片田地继续作业。

⑫ 信号员应注意安全。

第一，飞机作业时，田间除信号员外的所有人员都要离开。

第二，在山坡地带作业时，信号员不要站在坡顶。当飞机转弯对准航线后要迅速离开并移动到下一个喷幅。

第三，尽量避免药雾沾在身上，信号引导必须从下风头顶风开始，绝不能顺着药雾走。

第四，绝对禁止在高压线下站立。信号员任何时候都要面对飞机，不能背向接近的飞机。

5.5　作业区域规划

各执行农业航空作业单位在年初作种植计划和土地设计时，要统筹安排飞机作业区域。作业区域规划以作业区分布、面积、地块数目、作业项目、气候差异、地理位置，以及每架次作业面积为依据。作业前要认真研究和全面安排作业区，选择经济合理的飞行路线和作业方法。作业区域规划要求如下。

① 将计划进行农业航空作业的土地作物按种类连片种植。按作业区分布、面积、地块数目、作业对象、作业项目、气象差异、地理位置、每架次作业面积划分作业区。

② 机场设在作业区中心或近于中心，交通水源方便的地区，每架次作业时间不超过 25 min，作业半径 10～20 km 为宜。作业范围较大地区，应设置临时机场。

③ 根据地形、地物、作业项目、渠道、林带等情况，在作业前将作业区域规划分为若干个作业小区，并标出作物种植面积，地块长、宽，附近敏感作物种类，作业顺序和架次，以便安排作业。

④ 考虑安全因素，作业区正东、正西地块不要安排在日出、日落时作业。

⑤ 安排作业区域时，要留出备份区域，一旦作业地块出现阵雨或其他情况不能作业时，飞机可到备份区域作业，原则上飞机不能带药着陆。

⑥ 作业时要打破划分土地的界线，作业区域长度 1000～2000 m 为宜，小地块可考虑套喷、串联法等作业方式。

⑦ 作业区域规划要特别注意障碍物和忌避物。

⑧ 绘制五万分之一至十万分之一作业地图。最好使用农场的水利图，作业地图上应标出作业区域规划，作业地区及作物种类。地图必须明确标出主要村庄、营区、高压线、高大建筑物、鱼塘、蚕场、蜂场、鹿场等忌避物和障碍物。作业地图还须准确标出作业区域长度、宽度、面积、林带、电线、电话线等位置。

第 6 章　作业质量与检测

《中华人民共和国民用航空行业标准》对农业航空作业质量指标有明确规定。各执行农业航空作业的航空公司，在进行农业航空各项作业过程中都要按该标准执行，各作业合同单位可按此标准检查农业航空作业质量，包括农业喷洒作业和播撒作业。

6.1　农业航空喷洒作业质量技术标准

1. 主题内容与适用范围

标准规定飞行常量、低容量和超低容量喷洒农药、化学肥料等作业的质量技术指标。

标准适用于固定翼飞机从事农业、林业、牧业的喷洒作业。

2. 喷洒量允许误差

飞机加装定量的喷液，在作业规定的飞行速度下进行喷洒，并记录喷洒时间。根据装液量、喷洒时间、作业飞行速度、作业喷幅计算喷液量，计算公式为

$$q=\frac{Q}{TVD}\times 10^4$$

其中，q 为实际喷洒量（L/hm^2）；Q 为装液量（L）；T 为喷洒时间（min）；V 为飞行速度（m/min）；D 为喷幅宽度（m）。

以实测的喷洒量（L/hm^2）和计划喷洒量（L/hm^2）的相对偏差表示其误差程度。不同喷洒类型喷洒量的最大误差不得超过如表 6-1 所示的规定。

表 6-1 喷洒量的允许误差规定

喷洒类型	允许误差/%
常量	±10
低容量	±10
超低容量	±10

3. 雾滴大小规定标准

雾滴大小以体积中值直径表示，以氧化镁片为采样片，在靠近作业喷幅的中间与飞机作业飞行方向垂直的地段，每 2～5 m 设 1 采样点，每点设 1 个采样片。采样片设置在与作物等高的支架或空地上，每次检测设 20～30 个采样点。按下列公式计算雾滴体积中值直径，即

$$\mathrm{VMD}=\frac{D_{\max}}{F}$$

其中，VMD 为体积中值直径(mm)；$D_{\max}$为最大雾滴直径(mm)；F 为折合系数，根据全雾滴法和最大雾滴法验证，F 值为 2.2。

例如，以 30.3 μm 为径差，在 15 个样片中测得的最大雾滴组合如表 6-2 所示。

表 6-2 样片测得的最大雾滴组合

序号	最大雾滴直径/μm	雾滴数
1	242.2	1
2	272.2	2
3	302.7	7
4	333.0	4
5	363.3	7
6	393.5	7
7	423.8	2

根据表 6-2 最大雾滴组合情况，确定 423.8 μm 为最大雾滴值，因此

$$\mathrm{VMD}=\frac{423.8}{2.2}=192.6\ \mu\mathrm{m}$$

这一组合体积中值直径为 192.6 μm。

根据测试结果,不同喷洒类型和喷洒对象的雾滴直径大小应符合如表 6-3 所示的规定。

表 6-3　雾滴直径大小规定

喷洒类型	喷洒对象		雾滴大小/μm	备注
常量	除草剂	苗前	300～400	
		苗后	250～300	
	杀虫剂		250～300	内吸性 300～350
	杀菌、螨剂		250～300	内吸性 300～350
	化学肥料		250～300	
低容量	除草剂	苗前	250～300	
		苗后	200～250	
	杀虫剂		150～200	内吸性 200～250
	杀菌、螨剂		150～200	内吸性 200～250
	化学肥料		200～250	
超低容量	杀虫剂 杀菌、螨剂	卫生害虫	≤80	
		农林牧业害虫	80～120	
		农林业病虫害	80～100	

4. 雾滴覆盖密度规定标准

雾滴覆盖密度的检测采样设置与雾滴大小采样设置相同。样片可以 10～15 倍放大镜观察,每个样片观察 3 cm^2 面积上的雾滴数,然后计算出雾滴的平均覆盖密度。

不同喷洒类型和喷洒对象的雾滴覆盖密度应符合如表 6-4 所示的规定。

表 6-4　雾滴覆盖密度规定

喷洒类型	喷洒对象		雾滴覆盖密度/(个/cm^2)	备注
常量	除草剂	苗前	30～40	
		苗后	40～50	
	杀虫剂		40～50	内吸性 30～40
	杀菌、螨剂		50～60	内吸性 30～40
	化学肥料		30～40	

续表

喷洒类型	喷洒对象		雾滴覆盖密度/(个/cm^2)	备注
低容量	除草剂	苗前	20～30	
		苗后	30～40	
	杀虫剂		30～40	内吸性 25～35
	杀菌、螨剂		35～45	内吸性 25～35
	化学肥料		25～35	
超低容量	杀虫剂	农林牧业害虫	15～20	内吸性 5～15
	杀菌、螨剂	农林业病虫害	20～40	内吸性 15～25

5. 雾滴分布均匀度标准

雾滴分布均匀度以雾滴覆盖密度的变异系数表示，由各个样点的雾滴覆盖密度计算得出。变异系数越小，雾滴分布越均匀，其计算方法为

$$CV=\frac{SD}{X}\times 100$$

其中，CV 为变异系数(分布均匀度)%；SD 为标准差；X 为雾滴的平均覆盖密度(个/cm^2)。

不同喷洒对象的雾滴分布均匀度应符合如表 6-5 所示的规定。

表 6-5　雾滴分布均匀度规定

喷洒对象	雾滴分布均匀度/%
除草剂	≤50
杀菌、螨剂	≤60
杀虫剂	≤70
化学肥料	≤70

6. 雾滴密度和雾滴大小测定

雾滴沉积参数的测定是量化评价航空喷洒质量最重要的一环，是作业质量评价的直接证据。飞机喷洒从雾滴产生、降落、沉积或撞击在目标物表面是一个十分复杂的过程。它与喷嘴类型、角度或雾化器类

型、风动叶片角度、转数、药液物理性质、喷施作业时的气象条件、目标物的种类和形状等多种因素相关。因此，测定时应根据具体条件、测定目的和要求来设计测定方法。针对不同的雾滴参数，有多种方法可用于测量，如样片采集、传感器设备采集、图像获取等方式。下面简单介绍不同的测量方法及其适用情况。

从测量模式上可以分为瞬态模式和统计模式。瞬态模式是记录喷雾的瞬态参数，即采样时间极短、液滴的直径和体积基本不随时间改变。统计模式是在某一时间段内，对特定雾化区域的雾滴点数、沉积量、雾滴粒径等参数进行累积测量，即在整个喷雾期间直接记录喷雾参数的统计结果。在航空施药现场实验中，通常以统计模式为主。瞬态模式通常在实验室检测中使用。

测定喷雾参数的方法主要分为机械测量方法、电子测量方法和光学测量方法。

① 机械测量方法。

机械测量方法是通过收集雾滴的方法采集雾滴沉积参数。常用的机械测量方法包括冷冻法、面粉法、痕迹法、荧光法等。

冷冻法是利用雾滴的物理性质将雾滴冻结成固体颗粒物，再通过闪光摄影或利用雾滴质量差异对雾滴进行计数和粒径测定。在实验室，可使用液氮在雾滴喷出的同时将其冷冻。冷冻法成本较高，雾滴粒子有时会相互粘连，目前使用较少。

面粉法是利用干面粉对液滴的吸附性将雾滴喷洒在经过细筛的干面粉上使面粉结成面团颗粒，对面团颗粒进行计数，再根据颗粒质量和水滴粒径的关系获取雾滴粒径。面粉法成本较低，测量精度较好，但是实验操作较为复杂，且对于 300 μm 以下雾滴识别效果并不理想，在航空施药实验中使用较少。

痕迹法是以涂有油剂（如机油、硅油、凡士林等）的载玻片、氧化镁玻片或水敏、油敏试纸为采样介质，雾滴沉积后会在介质上留下痕迹，通过人工或图像处理系统可以获取雾滴沉积参数。

如图 6-1 所示为飞机在田间喷雾进行的雾滴测试。

图 6-1 飞机在田间喷雾进行的雾滴测试

测量过程中使用的敏感试纸多为水敏试纸。此种试纸对水溶液试剂敏感，当水溶液雾滴滴落在水敏感试纸上时，滴落区域将发生不可逆转的颜色变化，产生色斑，雾滴蒸干后色斑将保持下去，便于持续保存。雾滴落在水敏感试纸后扩散幅度小，每个雾滴形成的色斑即可用于计算雾滴的直径，色斑的数量可用于计算沉积的雾滴数量，通过雾滴的大小可进一步计算水敏试纸上沉积的雾滴总量。如图 6-2 所示为采用水敏试纸接收雾滴后的效果图。

图 6-2 采用水敏试纸接收雾滴后的效果图

在飞机航空作业中，喷洒的药液大多数是以水为介质，但也有使用原液（以油为介质）的。原液属油剂，使用普通的样片很难测定，可以使用专测油剂的样片，如油敏试纸；也可以自制采样卡，使用优质白纸卡，在纸卡上涂氯仿加千分之二苏丹Ⅲ制剂。两者相加在纸卡上呈红色，遇药液后雾滴变白色，测定雾滴密度和大小时比较方便。

荧光法通常用于测定雾滴沉积量。实验需在药液中加入惰性荧光剂，样品可以是采样容器或植物叶片，完成喷洒实验后，使用定量纯净水洗净样品获取荧光溶液，再通过分光光度计读取荧光溶液的浓度。荧光法采集雾滴沉积量精度较好，实验成本较低，但是由于荧光剂本身存在一定的污染，实验操作也较为复杂，在现场实验中有时会受到限制。

② 电子测量方法。

电子测量方法是基于雾滴的电特性，使用传感器将雾滴沉积参数转化为电信号的测量方法，可以对实验进行实时监测，包括电极法、电容法、电阻法、热线法等。

电极法是用一对探针构成电极，在电极两端加一定的电势差，当液滴位于两电极之间时，由于液滴的表面电阻，电极两端会形成电脉冲，对电脉冲进行计数就可以获得通过电极的液滴数目，在实验区域放置多个间距不同的电极就可以得到雾滴的沉积参数。

电容法是使用一个表面绝缘的电容作为采样介质，当雾滴落到电容表面时，电容的介电常数就会发生变化，导致电容发生变化。实验证明，沉积量与电容存在明显的相关性，根据雾滴沉积后电容值的变化可以获取沉积量参数。

电阻法与电容法相似，在电路板上印刷间距不同的平行电路，雾滴沉积后会导通相应的电路，改变电路电阻。通过对电脉冲进行计数，可以获取雾滴沉积点数，由于电路间距不同，可以识别雾滴粒径。电阻法的问题在于传感器测量范围较小，比较容易饱和，目前应用较少。

热线法是将一根通电热线探头置于喷雾场中，当液滴撞击热线时液滴蒸发，热线温度降低，导致电阻增大，在热线两端就会产生电脉冲，对电脉冲进行计数就可以获得雾滴沉积点数，电脉冲的强度则与雾滴粒径相关。由于热线的热惯性小，因此可以测到非常细微的雾滴。实验可以检测到最小 5 μm 的雾滴。热线法的问题在于如果喷雾量非常大,液滴来不及从热线上完全蒸发,会造成较大的测量误差。此外,如果气流不稳定,也会导致热线测量误差。叶面湿度传感器如图 6-3 所示。

图 6-3　叶面湿度传感器

③ 光学测量方法。

光学测量方法能够进行非接触测量,因此不会对喷雾场形成干扰,可以分为摄影法和非摄影法。摄影法包括闪光摄影法、激光全息摄影法、高速摄影法等。非摄影法是以激光作为入射光源,利用激光在雾滴上的干涉、衍射、散射、折射原理获取喷雾特性。光学测量方法对于实验环境要求较高,在背景光照比较复杂的情况下无法使用摄影法,多在实验室使用。非摄影法使用的仪器非常精密、昂贵,对实验流场和雾滴量都有一定的要求,很难在现场实验中使用。

闪光摄影法是使用高强度闪光灯在极短的时间(5～10 μs)内闪光照亮喷雾场,通过摄影的方法采集喷雾场图像,进而识别喷雾参数。闪光摄影法操作简单,可靠性高,处理也较为简单,缺点是仅能拍摄某一景深下喷雾场的叠加图像,无法得到某一层面粒子情况,因此信息量比较有限。

激光全息摄影法与闪光摄影法相似,也属于直接摄影技术。采用激光光源照亮喷雾场获得极短的曝光时间(一般不超过 20 ns),再使用高速摄影机,在一幅图中将多个影像重叠拍摄下来,然后逐幅再现。激光全息摄影可以拍摄多层照片,图像清晰,便于读片。由于拍摄层面不可能恰好通过雾滴的直径断面，因此计算雾滴粒径时会造成误差。喷雾激光粒度仪如图 6-4 所示。

图 6-4　喷雾激光粒度仪

高速摄影法是使用专业高速摄像机进行摄像，可以达到微米级，每秒钟可以拍摄 10 万帧图像。通过将相邻的照片进行对比，可以发现粒子并获取粒子运动速度。由于技术先进，系统较为昂贵。

7. 测定雾滴沉积参数的手段和工具

(1) 人工测定沉积参数

① 采样点设置。

设置采样点主要是确定有多少个样点及其间隔距离。一般来说，机型大、喷幅宽，样点要多设；机型小，样点可酌情减少，间隔距离也相应减少。测定精确度要求较高时，样点要多，间隔距离要小。例如，S2R-H80、M-18、Y-5 型飞机的喷幅宽度为 45～50 m，可在 2～3 个喷幅内测定试验区的喷洒均匀度，即 100～150 m，2～5 m 设一个点为宜。

森林灭虫采样点的设置较困难，需要三个层次的样片数据，即树冠顶层、树冠中间、树冠下部，一般用一根与树等高的木杆，按要求将样片放在三个不同位置接收雾滴。

在不同条件下采样，其结果差异很大，因此要注意采样条件。采样条件主要包括采样部位、气象状况、作物种类和生育期(与叶面积指数有关)、药液的物理性质,以及单位面积的喷洒量等。在侧风较大时,样片上的雾滴痕迹形状不规则,观测困难,而且不准确,因此在风速较大时,可将雾滴密度和大小分开采样。测定雾滴大小的样片安置成与风向垂直。样片应在空中飘浮的小雾滴全部落下后取回。

② 测定方法。

人工测定沉积参数是在不具备精确计数和测量雾滴粒径的情况下使用的(图 6-5)。一般使用机械测量中的采样样片,如油盘、氧化镁片、水敏试纸采集一定量的雾滴。透过特定大小的孔板纸观察样品,对雾滴进行计数,再根据观察孔面积计算雾滴覆盖密度。一般要求在每个样品上至少选取 3 个有代表性的区域进行计数,以多个区域获取的数据均值作为该样品采集到的雾滴覆盖密度。

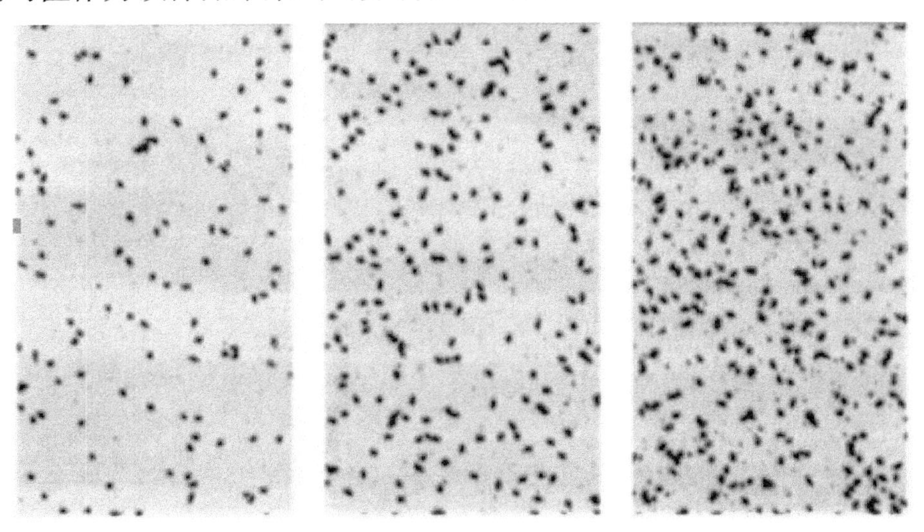

图 6-5 人工测定沉积参数

在测定雾滴粒径分布时,人工测定沉积参数需要使用估算法获取雾滴粒径参数。

首先,选择一个雾滴分布模型,再根据模型要求人工采集粒径参数,如最大雾滴粒径、粒径均值、粒径标准差等。

粒径测定需要用 1%目镜测微尺 100 倍放大率,对一次采样测量的雾滴要有一定数量,否则不能反映雾滴群体的特征。一次重复测量的雾滴不少于 1000 个,最好是 1500～2000 个。最后,根据模型计算雾滴的粒径分布。

在空气静止或微风条件下，样片上的雾滴痕迹或斑点呈现规则而整齐的圆形；在 2 m/s 以上的风速条件下，样片上的雾滴痕迹或斑点开始发生变形。在这种情况下，应测量其横径，即短径。样片上的雾痕或斑点比降落前雾滴大，应进行校正。氧化镁玻片采样，不论雾滴大小，校正系数均可用 0.86。雾滴直径与水敏试纸上斑点的对比如表 6-6 所示。

表 6-6　雾滴直径与水敏试纸上斑点的对比

降落前球形雾滴直径/μm	在水敏试纸上斑点直径/μm
100	100
200	230
300	400
400	640
500	950

③ 雾滴容量计算。

一个雾滴的容量（或容积）$u=\pi d^3/6$，n 个雾滴的容量 $v=n\pi d^3/6$，因此雾滴容量可用 nd^3 表示。

（2）基于图像处理的全雾滴分析

使用图像处理系统可对油盘法、痕迹法采集到的样品整体进行分析，获取雾滴沉积参数。首先，通过高分辨率扫描仪、显微摄影、微距摄影将样品转化为图片。然后，再用图像处理技术提取全部沉积点，计算沉积点密度和全部沉积点直径。假定雾滴在空中为球体，将雾滴体积累积后可获得雾滴沉积量，按直径对雾滴进行排序，计算后可得雾滴体积数量中值、体积中值、Dv. 1 和 Dv. 9。

目前，已有多个成熟的喷雾图像处理系统可以分析雾滴沉积图像，获取沉积参数。

① DepositScan 雾滴图像处理软件（图 6-6）。

DepositScan 是美国农业部农业研究组织基于公共的图像处理软件 ImageJ 研发的一套用于识别雾滴沉积参数的图像处理系统。通过扫描仪将水敏试纸扫描成图像，再通过图像处理系统计算雾滴覆盖密

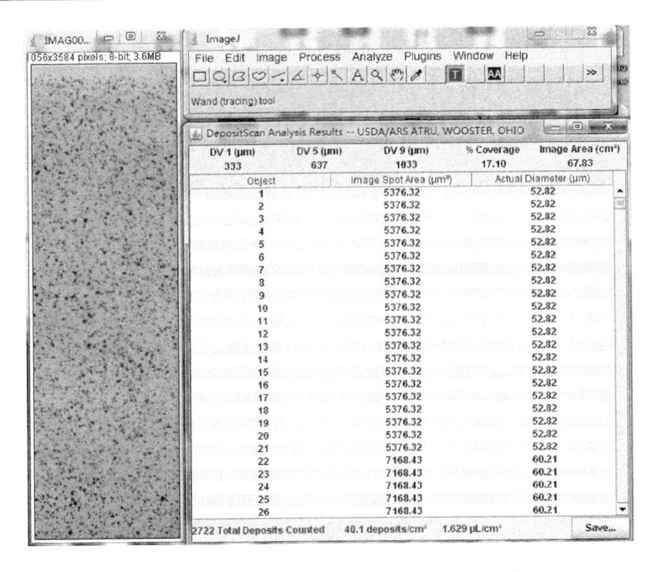

图 6-6　DepositScan 雾滴图像处理软件

度、雾滴沉积率、体积中值、Dv. 1 和 Dv. 9。但是，系统一次只能处理一张图片，无法直接获取雾滴数量中值。此外，系统不能读取图片的 exif 信息，如果图像分辨率不为 600dpi，还需手动配置分辨率，使用较为不便。

② DropletScan 雾滴图像处理系统（图 6-7）。

DropletScan 是美国堪萨斯州立大学设计的一套雾滴沉积图像分析系统，用于快速准确地测量水敏试纸或其他介质采集到的雾滴沉积图像。系统可以统计雾滴覆盖密度、雾滴沉积率、数量中值、体积中值、Dv. 1 和 Dv. 9，还可以生成相当详细的分析报告供专业用户使用。针对航空作业实验和地面喷洒作业实验，还具有幅宽分析功能。

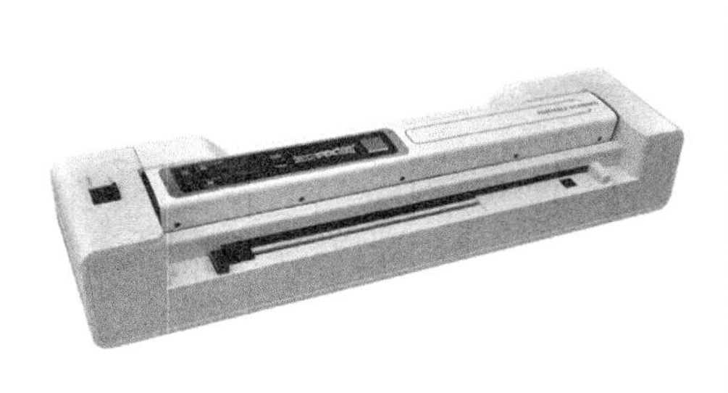

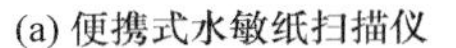
(a) 便携式水敏纸扫描仪

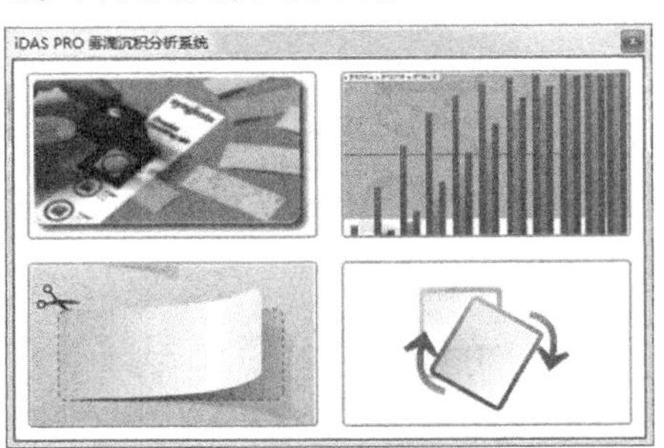

(b) 软件主界面

图 6-7　DropletScan 雾滴图像处理系统

③ StainMaster。

StainMaster 是阿根廷一家公司专为航空喷洒设计的雾滴沉积图像分析软件,加入了很多专为航空作业质量检测的功能。除了可以统计雾滴覆盖密度、雾滴沉积率、数量中值、体积中值、Dv. 1 和 Dv. 9 等参数,还可以根据飞机单次喷洒实验数据分析多次喷洒时采用不同作业模式幅宽与雾滴分布均匀度之间的关系。

④ iDAS 雾滴图像处理软件。

iDAS 是国家农业智能装备工程技术研究中心为航空喷洒设计的雾滴分析系统包括图像处理系统 iDAS Pro(图 6-8 和图 6-9)和实时雾滴沉积传感器网络系统 iDAS Realtime(图 6-10)。

(a) 数据分析报告封面

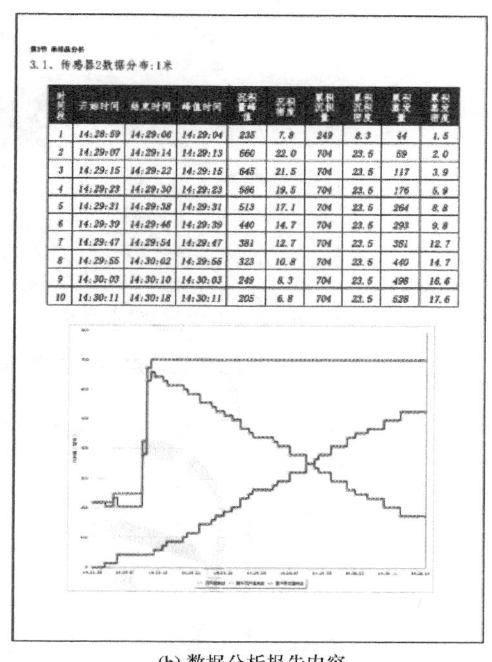

3.1、传感器2数据分布:1米

时间段	开始时间	结束时间	峰值时间	沉积量峰值	沉积密度	累积沉积量	累积沉积密度	累积蒸发量	累积蒸发密度
1	14:28:59	14:29:06	14:29:04	235	7.8	249	8.3	44	1.5
2	14:29:07	14:29:14	14:29:13	660	22.0	704	23.5	59	2.0
3	14:29:15	14:29:22	14:29:15	645	21.5	704	23.5	117	3.9
4	14:29:23	14:29:30	14:29:23	586	19.5	704	23.5	176	5.9
5	14:29:31	14:29:38	14:29:31	513	17.1	704	23.5	264	8.8
6	14:29:39	14:29:46	14:29:39	440	14.7	704	23.5	293	9.8
7	14:29:47	14:29:54	14:29:47	381	12.7	704	23.5	381	12.7
8	14:29:55	14:30:02	14:29:55	323	10.8	704	23.5	440	14.7
9	14:30:03	14:30:10	14:30:03	249	8.3	704	23.5	498	16.6
10	14:30:11	14:30:18	14:30:11	205	6.8	704	23.5	528	17.6

(b) 数据分析报告内容

图 6-8　iDAS Pro 雾滴图像处理软件报告

iDAS Pro 是一套专门分析水敏试纸上雾滴沉积图像的处理系统,加入了重叠雾滴分离算法,可以有效分离相互覆盖的雾滴,在处理覆盖率较高的图像时,可以更为精准的计数。在分析无敌粒径时,使用基于灰度的粒径分析算法,相对已有的基于二值化图像的分析系统可以实现亚像素级的分析精度。系统可以自适应分辨率,用户无须设置,软件可以自动识别图像分辨率,准确计算沉积参数。针对不同的应用场景和采集介质,系统支持 7 种灰阶指标和 5 种阈值计算方法。为排除指纹、返潮等干扰因素,还设计了基于正态分布函数和上限分布函数的滤波算法,可以计算雾滴覆盖密度、雾滴沉积率、数量中值、体积中值、Dv. 1、Dv. 9、雾滴谱宽度等参数。针对不同采样介质,系统还可以通过幂函数和二次多项式配置雾滴在介质上的扩散系数。针对航空施药

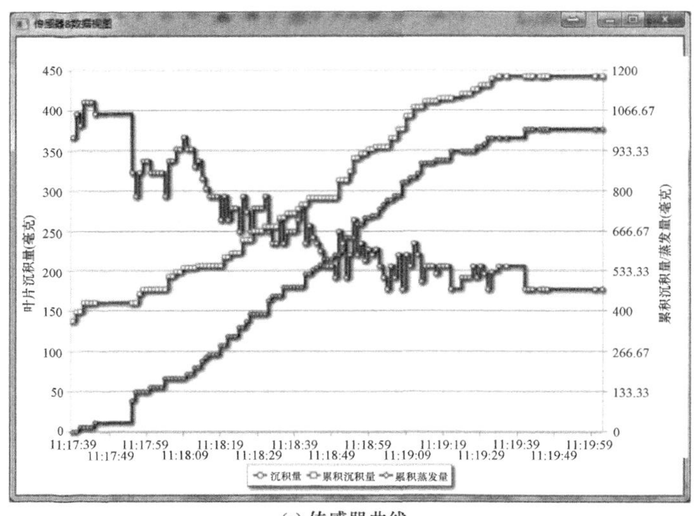

(a) 传感器曲线

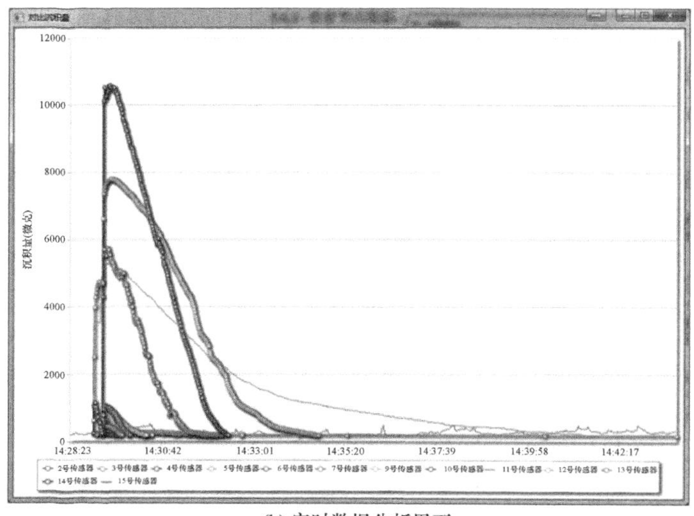

(b) 实时数据分析界面

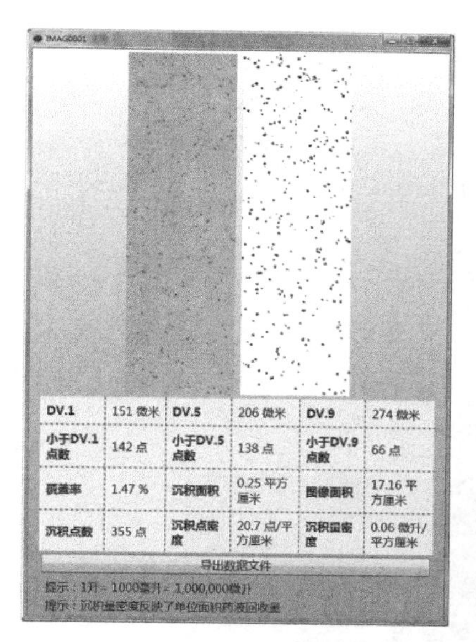

(c) 单张水敏试纸浸染图像分析

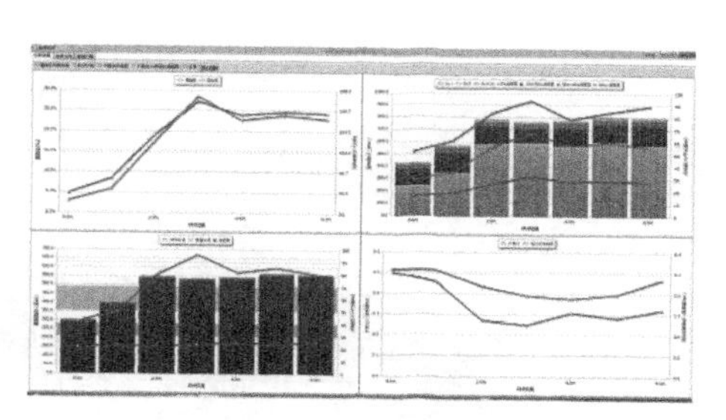
(d) 水敏试纸浸染图像统计分析1

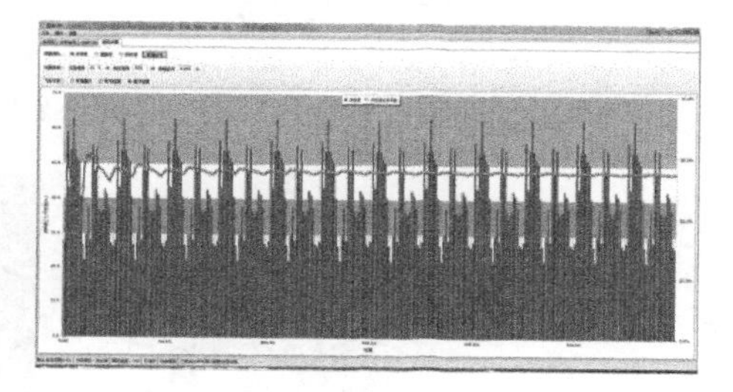
(e) 水敏试纸浸染图像统计分析2

图 6-9　iDAS Pro 雾滴图像处理软件

作业，可以根据单次作业实验结果模拟单向式作业和往复式作业，分析不同作业模式下喷幅内的雾滴分布均匀度，根据作业目标给出最优化作业幅宽。根据用户设定的相关参数，可以自动生成非常详细的实验报告，包括用于评价飞行器作业幅宽和航空喷洒作业质量的全部实验数据。

iDAS Realtime 是一套用于在实验现场实时采集的传感器网络系统（图 6-10）。该系统由最多 500 个传感器节点通过 Zigbee 协议自组成网。每个传感器节点包括一个基于可变介电常数的电容传感器，可精确计量喷雾实验中雾滴沉积量密度，最小分辨率为 20 μg。系统还包括一套实时采集空气温度、湿度、气压、风速、风向的气象传感器节点，利用气象传感器可以对实验过程中影响雾滴沉积和蒸发的全部因素进行记录，风速风向信息还可用于漂移分析。系统可以实时采集微量雾滴和蒸发沉积过程，并自动生成详细的数据报告，包括各个时间段雾滴沉积和蒸发信息。

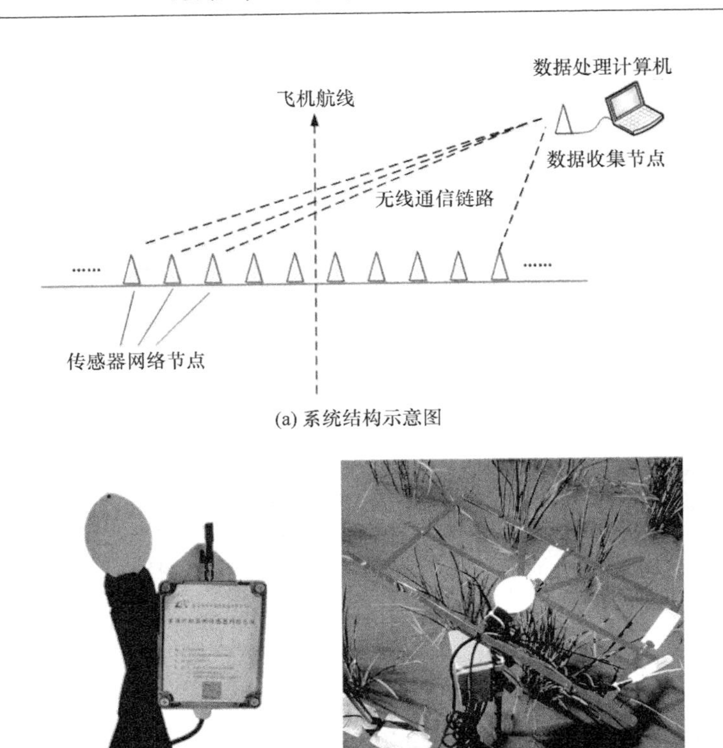

(a) 系统结构示意图

(b) 传感器网络节点　　(c) 传感器网络节点的田间安装

图 6-10　iDAS Realtime 实时雾滴沉积传感器网络系统

8. 流量调试与计算

流量调试工作是农业航空作业中一项重要的工作。调试一般需要在空中完成，在飞机药箱中加入一定数量的水，根据作业项目要求计算流量，飞机在空中按作业速度计算时间，最终确定喷液量的准确性。

(1) 总流量计算

校正流量对于确保准确用药量至关重要。总流量要根据飞机作业速度、喷幅和每公顷喷液量加以调整。其计算公式为

$$\text{总流量(L/min)}=\frac{\text{飞行速度}\cdot\text{喷幅(m)}\cdot\text{喷液量(L/hm}^2\text{)}}{\text{转换系数}(K)}$$

对于转换系数，飞行速度单位为 mi/h 时，$k=373$，飞行速度单位为 km/h 时，$k=600$，飞行速度单位为 n mile/h 时，$k=324$。

例如，飞机的飞行速度为 180 km/h，喷幅为 45 m，低容量喷洒流量 20 L/hm^2，每分钟流量为

$$总流量=\frac{180(\text{km/h})\cdot 45(\text{m})\cdot 20(\text{L/hm}^2)}{600}=270\text{L/min}$$

飞机每分钟总的流量为 270 L。

(2) 单口流量

喷嘴的单口流量取决于飞行速度、喷幅、喷液量，以及使用的喷嘴数目。雾化器喷头流量，取决于雾化器数量。计算流量可按下列公式计算，即

$$单口流量(\text{L/min})=\frac{飞行速度(\text{km/h})\cdot 喷幅(\text{m})\cdot 喷液量(\text{L/hm}^2)}{转换系数(K)\cdot 喷头数量}$$

例如，飞机的飞行速度为 180 km/h，喷幅为 45 m，低容量喷洒流量 20 L/hm^2，喷头数量 56 个，则单口流量为

$$单口流量(\text{L/min})=\frac{180(\text{km/h})\cdot 45(\text{m})\cdot 20(\text{L/hm}^2)}{600\cdot 56}=4.82(\text{L/min})$$

如果使用 10 个雾化器，则单个雾化器流量为

$$单口流量(\text{L/min})=\frac{180(\text{km/h})\cdot 45(\text{m})\cdot 20(\text{L/hm}^2)}{600\cdot 10}=27(\text{L/min})$$

单个喷头的流量为 4.82 L/min，单个雾化器的流量为 27 L/min。

(3) 飞机流量调试

根据作业项目要求，首先确定喷头数量、喷嘴型号、喷洒角度、喷液量、喷幅等参数，计算每分钟的流量。飞机药箱加水代替药液，当达到作业速度时打开喷洒开关，同时计算时间，根据事先计算好的时间及喷洒所用的时间确定流量的准确性。

通过计算可以得出，M-18 型飞机总流量为 270 L/min，飞机药箱携带水 600 L，调试流量准确性，600 L 水喷完的时间是2 min 13 s，如果喷洒时间超过预计时间，则流量低于设定流量；如果实际喷洒时间短于预计时间，则流量高于设定流量。根据所测数据调整喷洒设备，使之准确无误。

以上准备工作，在飞机春季检查时需要完成一次，在下一个农业航空作业前，仍需要再次进行验证，调整误差后，方可进行作业。

9. 雾滴大小和密度的调整

农业航空是一项多学科的技术，就喷雾技术而言，雾滴大小是核心问题，选择、控制雾滴大小是农业航空喷施技术的关键。

（1）雾滴分级

在飞机航空喷雾中，药液以雾滴形式覆盖在目标物上，以达到防治目的。根据我国的具体情况，分为四种雾滴。

气溶胶：雾滴体积中值直径≤50 μm。

弥雾：雾滴体积中值直径>50 μm，且≤100 μm。

细雾：雾滴体积中值直径>100 μm，且≤400 μm。

粗雾：雾滴体积中值直径>400 μm。

根据防治对象和喷施条件，选择不同类别的雾滴，在国外称为控制雾滴大小喷施技术。目前，黑龙江省北大荒通用航空有限公司采用的农业航空喷施技术是基于控制雾滴大小的喷施技术衍生来的，如森林灭虫采用细雾滴（90～120 μm）；苗前除草土壤处理采用粗雾滴（400～450 μm）；其他农业航空作业采用中雾滴（200～400 μm）。目前的喷洒设备完全能够控制并调整多种不同直径的雾滴。

（2）雾滴大小与目标物的关系

航空喷施目标物的类型及其特征是选控雾滴大小的主要依据之一。目标物主要指病害和虫害的不同种类。喷施雾滴参数还与植物结构和形态有关。大雾滴沉降快、穿透力差，对植物冠层表面平展叶子的沉积性能较好，对冠层内部特别是茎秆和直立、半直立状态的叶子沉积、撞击率很低。据测定，200 μm 以上的雾滴很难渗入植物中下部，雾滴在目标物上的运动规律如图 6-11 所示。

由此可见，大雾滴沉积在目标物的冠层表面，并且容易滑落，而小雾滴却能穿透目标物冠层表面进入目标物内部，这是雾滴运动的规律。因此，防治植物冠层表面平展叶片部的病虫害，宜于选择较大的雾滴，防治冠层内部或直立状态枝叶上的病虫则应选择小雾滴。森林灭虫要

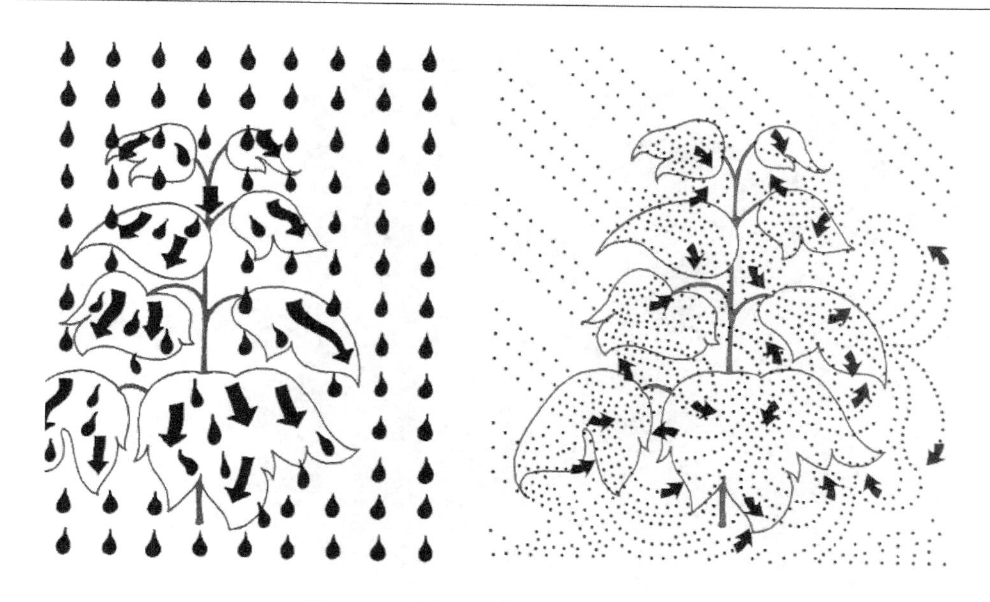

图 6-11　雾滴在目标物上的运动规律

求雾滴不能大于 150 μm,雾滴越小穿透率越高,防治效果越好。在稻田喷施实验时,应对沉降效应进行测定,大雾滴易沉降地面造成内飘失,小雾滴对稻株有较高的撞击率,在直立的稻叶上越靠近叶尖的雾滴越小。

飞机喷雾作业后,会在植物叶片上留下雾滴痕迹,如图 6-12 所示。

由此可见,飞机喷洒作业后的雾滴痕迹分布的非常均匀,是其他喷洒设备无法比拟的。

(3) 雾滴大小调整

目前,农业飞机上使用的喷洒设备对雾滴大小的调整根据防治目标确定。

① 液力喷头。

在喷洒作业中,调整液力喷头雾滴大小主要靠调整喷头在喷杆上的角度来完成,大角度为大雾滴,角度越小雾滴越小(图 6-13)。

180°和 135°角为大雾滴,90°角为中雾滴,45°角为小雾滴。通常,苗前土壤处理作业,喷施除草剂使用大雾滴,喷头角度为 135°;灭虫等作业使用小雾滴,喷头角度为 45°;其他农业航空作业使用中雾滴,喷头角度为 90°。

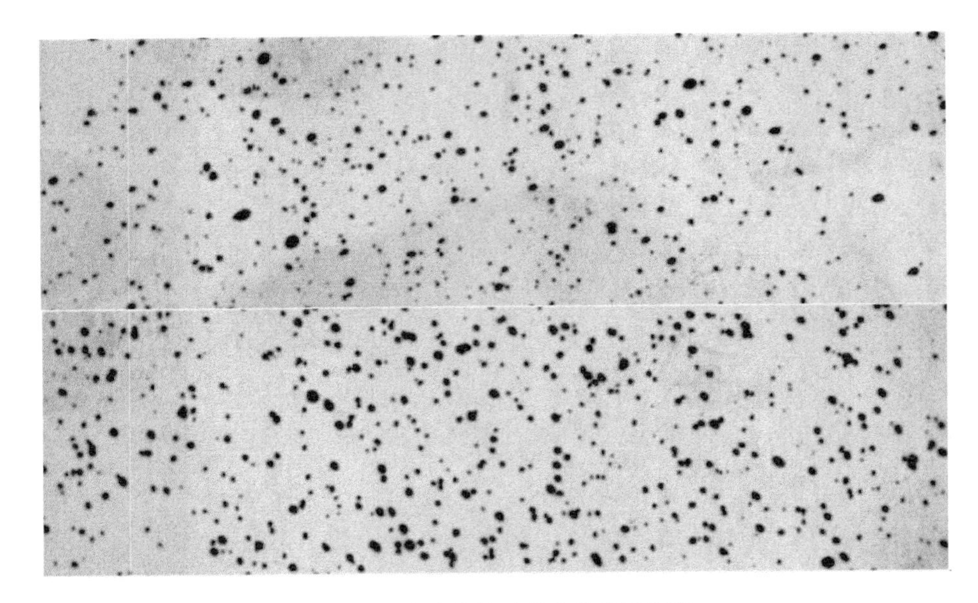

图 6-12　留在植物叶片上的雾滴痕迹

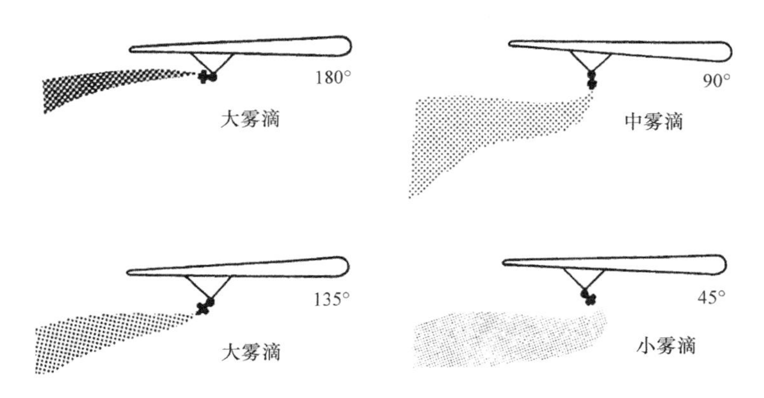

图 6-13　喷头安装角度与雾滴大小

② 雾化器喷头。

雾化器喷头对雾滴大小的调整,主要通过改变雾化器风动叶片角度来完成(图 6-14)。

雾化器喷头的调整角度在 35°～85°,风动叶片角度小、转数大、雾滴小,反之角度大、转数小、雾滴大。雾化器喷头的转数与雾滴大小的关系如图 6-15 所示。

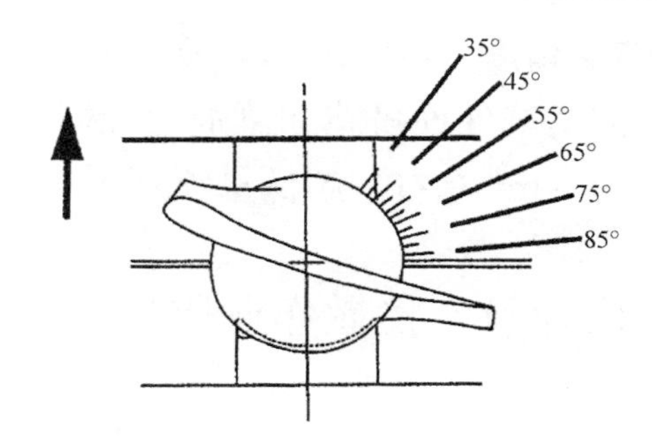

图 6-14　雾化器风动叶片调整

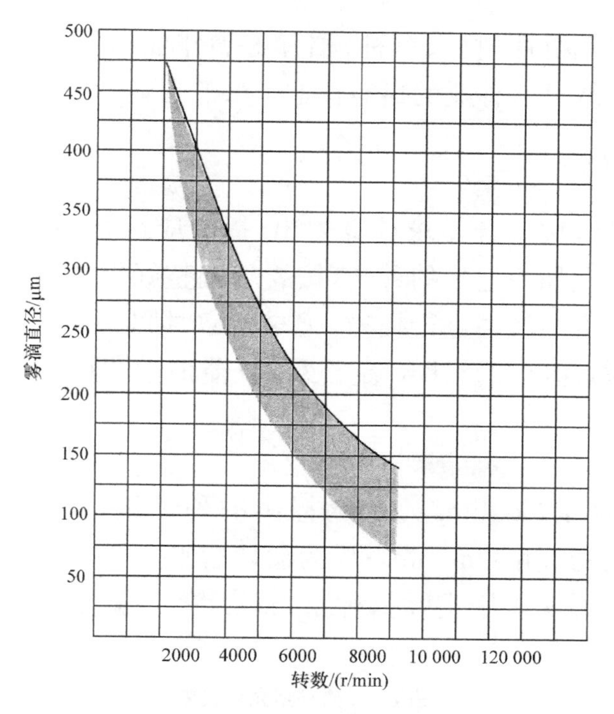

图 6-15　雾化器喷头的转数与雾滴大小的关系

由此可见，雾化器风动叶片转数越快，雾滴直径越小。例如，M-18 型飞机农业航空作业雾化器喷头调整角度为 55°、45°、45°、45°、55°(机翼一边安装 5 个雾化器)。农业航空作业雾化器风动叶片转数在 3000～5000 r/min，雾滴直径在 200～350 μm。

(4) 雾滴密度调整

在农业航空作业时，雾滴密度的调整主要靠调整喷头角度和增加喷头数量来完成。喷头角度大，雾滴大，雾滴密度小；喷头角度小，雾滴小，雾滴密度大。苗前土壤处理喷施除草剂，雾滴数在 20 个/cm^2，其他农业航空作业在 30 个/cm^2 左右。超低量喷雾不小于 10 个/cm^2。

6.2　农业航空播撒作业质量技术标准

1. 主题内容与适用范围

标准规定飞机播树种、草种、稻种等项作业的质量技术指标，适用于固定翼飞机从事农林业的播撒作业。

2. 播种量误差

播种量可以按设计要求计算得出，播前应进行播种量的检测。其方法是在飞机上加一定量的种子，按要求调整好出种门的开度，按规定的作业飞行速度与航高进行播撒，记录播撒时间。根据播出的种子量、播撒时间、飞行速度和设计播幅宽度计算播种量，即

$$a=\frac{A}{TVD}\times 10^4$$

其中，a 为播种量（kg/hm^2）；A 为播出的种子量（kg）；T 为播撒时间（min）；V 为飞行速度（m/min）；D 为设计播幅宽度（m）。

播种量允许误差用实际播种量与设计播种量之差的百分数表示，如表 6-7 所示。

表 6-7　播种量允许误差

播撒物	允许误差/%
树种	±10
草种	±8
稻种	±5

3. 漏播率规定

将每条质量检测线上有种样方和无种样方分别相加，可以得出全

播区有种样方数和无种样方数。全播区无种样方数占总体样方数的百分数就是该播区的漏播率，即

$$p=\frac{\sum n}{\sum N}\times 100\ \%$$

其中，p 为漏播率；$\sum n$ 为播区无种样方数；$\sum N$ 为播区总体样方数。

漏播率允许误差应符合如表 6-8 所示的规定。

表 6-8　漏播率允许误差

播撒物	允许误差/%
树种	≤15
草种	≤10
稻种	≤5

4. 种子分布均匀度规定

以每一架次应播带航标点为中心，逐一统计设计播幅（生产播幅）的宽度上各接种样方内的种子数，计算其样本平均数和标准差，再求出变异系数。其计算公式为

$$\mathrm{SV}=\frac{\mathrm{SD}}{X}$$

其中，SV 为变异系数；SD 为标准差；X 为种子平均落粒数（粒/m^2）。

种子分布均匀度用设计播幅内样本落粒密度的变异系数来表示。种子分布均匀度允许误差应符合如表 6-9 所示的规定。

表 6-9　种子分布均匀度允许误差

播撒物	种子分布均匀度/%
树种	≤70
草种	≤60
稻种	≤40

5. 实际落种量误差

实际落种量误差用单位面积设计落粒数与实际平均落粒数之差的

百分数表示。实际落种量允许误差应符合如表 6-10 所示的规定。

表 6-10　实际落种量允许误差

播撒物	允许误差/%
树种	＜50
草种	＜40
稻种	＜20

6.3　农作物病、虫、杂草防治效果标准

① 防治食叶性害虫效果在 90%以上。
② 防治蛀食性害虫效果在 70%以上。
③ 防治蚜虫效果在 95%以上。
④ 防治红蜘蛛效果不低于 85%。
⑤ 防治植物病害效果不低于 70%。
⑥ 防治农田、草原或森林鼠害效果不低于 85%。
⑦ 防治农田杂草效果不低于 95%。

6.4　农业航空作业防治效果及产量调查

在农业航空作业后，应通过田间实际调查得出的数据，反映病、虫害防治，杂草防治，叶面施肥增产等飞机作业的效果。以下是飞机作业后田间调查、计算方法。

1. 病害防治效果调查

农作物病害防治以预防为主，即在作物将要发病时进行有效预防，因此施药处理时，作物见不到明显的病害发病症状。田间调查可以采用覆盖点方式，作业前在田间随机选择 3～5 个覆盖点，可以采用无纺布或苫布，覆盖点面积 4 m×4 m。飞机作业后，待雾滴全部落下后再撤去覆盖物，并做标记，施药后 15、30 天各调查一次，收获后测产。也可以采用相邻无作业的相同种类作物作为对照。使用采样点覆盖法，但是

不得使用塑料布，在高温条件下，长时间覆盖塑料薄膜易对作物产生灼伤。覆盖点要具有代表性和普遍性，不得选择作业田地边缘的区域作为对照。

2. 虫害防治效果调查

对虫害防治效果调查不能采用覆盖点的方式，因为虫害是能够运动的，可以在飞机作业前，在田间随机选择 3～5 个调查点，调查未施药前害虫的虫龄、虫口密度、危害情况。施药后，视药剂的残效期，在作业前所选的调查点内调查虫口密度，计算防治效果。

3. 杂草防治效果调查

农业航空杂草防治效果调查可以采用覆盖点的方式进行。飞机作业前，在作业田间随机选择 3～5 个覆盖点，覆盖点面积 2 m×2 m，使用无纺布或苫布，先调查选择的覆盖点内杂草的发生情况，如杂草种类、草龄、各类杂草数量，并做好标记。飞机喷洒后待雾滴全部落下，撤去覆盖物，15、30 天各调查一次，与施药区对比计算灭草效果，收获后测产。以上是苗后除草作业的调查方法，如果是苗前土壤处理除草作业，飞机作业前不做调查，只需直接布置覆盖点，作业后 15、30 天进行调查，与施药区调查数据比较，计算灭草效果，收获后测产。

4. 叶面施肥增产效果调查

农业航空叶面施肥作业效果来自收获后粮食产量的调查结果，田间调查方法可以采用覆盖点的方式进行。在飞机作业前，选择有代表性的覆盖点3～5 个，覆盖点面积 2 m×2 m，覆盖点可使用无纺布或苫布。飞机作业后待雾滴全部落下，撤去覆盖物，并做好标记。注意，标记不得插在垄沟或湿地，防止被其他作业压倒，收获时找不到标记。收获后，对标记区与喷施作业区收获的作物分别测产。通过计算每穗粒数、每株粒数、千粒重(或百粒重)、外观品质、成熟期、干物质重、株高等指标的差异，计算增产效果。

6.5 雾滴效果监测

飞机喷洒药液产生雾滴的效果是农业航空作业中最为重要的一项指示。雾滴的覆盖密度、回收率等匀会直接影响农业航空作业的质量。

1. 雾滴的覆盖密度

适当的雾滴覆盖密度是保证作业质量、提高防治效果的关键技术之一。低容量喷洒要求单位面积达到一定的雾滴密度才能达到良好的防治效果。小雾滴不存在药液流失和向边缘聚集等问题,因此低容量和超低容量喷洒药液的回收率高、浪费少。雾滴降落在目标物之后有一定的扩散性,通过雾滴的汽化、露水的溶解和植物的内吸可形成超过雾滴直径范围的有效扩散覆盖范围。有效范围因病虫害种类、发生时期及药剂本身的性质而异。目标物的主动接触作用,即害虫的爬行活动及病原菌菌丝体生长扩展活动,会触发药理机制,因此雾滴只要达到有效的覆盖密度就可以发挥药效。

在单位面积喷液量已知的情况下,雾滴覆盖密度的计算可按下列公式,即

$$N=\frac{60}{\pi}\cdot\left(\frac{100}{d}\right)^3\cdot Q$$

其中,N 为每平方厘米理论雾滴密度;D 为雾滴直径(μm);Q 为单位面积喷液量(L/hm^2)。

若 D 选定为 100 μm,Q 为 1 L/hm^2,即可得到叶片上的雾滴密度为 19 个/cm^2。

当喷液量为 1 L/hm^2、5 L/hm^2、10 L/hm^2、15 L/hm^2、20 L/hm^2、30 L/hm^2 时,叶面的理论雾滴密度如表 6-11 所示。

表 6-11　不同雾滴直径,不同喷液量与雾滴密度的关系

雾滴直径/μm	喷液量					
	1 L/hm²	5 L/hm²	10 L/hm²	15 L/hm²	20 L/hm²	30 L/hm²
	雾滴密度/(个/cm²)	雾滴密度/(个/cm²)	雾滴密度/(个/cm²)	雾滴密度/(个/cm²)	雾滴密度/(个/cm²)	雾滴密度/(个/cm²)
20	2387	11 935	23 870	35 805	47 740	71 610
40	298	1490	2980	4470	5960	8940
60	88	440	880	1320	1760	2640
80	37	185	370	555	740	1110
100	19	95	190	285	380	570
120	11	55	110	165	220	330
140	7	35	70	105	140	210
160	5	25	50	75	100	150
180	3	15	30	45	60	90
200	2	10	20	30	40	60
250	1	5	10	15	20	30
300	0.7	3.5	7	10.5	14	21

雾滴能否准确有效地覆盖喷洒目标物的表面,与雾滴的直径、雾滴到达目标物的速度、喷洒目标物表面的形状及状态有关。

通常雾滴直径越大,动能越大,降落速度越快,可以直接降落在目标物上,而小直径雾滴降落速度慢很容易被气流带走。当飞机距离作物顶端3 m 高度进行喷洒作业时,产生的雾滴直径与降落速度、降落时间的关系如表 6-12 所示。

表 6-12　雾滴直径与降落速度、降落时间的关系

雾滴直径/μm	降落速度/(cm/s)	降落时间
10	0.3	16.5 min
100	25	12 s
500	220	1.4 s

可以看出,小直径雾滴降落的速度慢,到达目标物的时间长,反之雾滴直径越大,降落速度越快,到达目标物的时间越短。

雾滴覆盖率可以通过下列公式计算，即

$$覆盖率=\frac{Na}{Nb}\times100\%$$

其中，Na 为雾滴在规定时间内实际落在目标物上的数量；Nb 为理论雾滴数量。

设实际田间测得的雾滴数量为 32 个/cm^2，理论雾滴数量为 40 个/cm^2，则雾滴覆盖率为 80%，即

$$覆盖率=\frac{32}{40}\times100\%=80\%$$

理论上，小直径雾滴产生的覆盖密变化比大直径雾滴产生的高，在杀虫和防病等方面作业效果更好。

2. 雾滴的回收率

飞机农业航空作业喷洒的药液，不可能全部喷洒到指定位置，实际喷洒到目标作物上的药液量与飞机喷洒的实际药液量是不同的，通常只有部分药液降落在目标物上，另外一部分药液会随下降过程产生蒸发和飘移而流失。提高雾滴的回收率，也是保证作业质量，提高防治效果的关键技术。雾滴回收率可以通过雾滴采样、观测和计算测得，计算雾滴的回收率前，需要先计算雾滴平均直径。

雾滴平均直径为

$$D=\sqrt{\frac{d_1^3+d_2^3+d_3^3+\cdots+d_n^3}{n}}$$

其中，D 为平均直径；d_1，d_2，…，d_n 为各级大小雾滴直径(μm)；n 为测定的雾滴总数。

根据雾滴密度、雾滴直径和药液比重等数据，便可计算出单位面积的雾滴回收量和回收率，即

$$M=\frac{5.235\cdot N\cdot D^3\cdot P\cdot 10^{-8}}{B}$$

其中，M 为雾滴回收率(%)；N 为雾滴密度(个/cm^2)；D 为雾滴平均直径；P 为药液比重；B 为实际喷液量(L/hm^2)。

例如，喷液量为 1.875 L/hm²，药液比重为 1.05，经采样观测，雾滴平均覆盖密度为 20 个/cm²，雾滴平均直径为 80 μm，回收率为

$$M=\frac{5.235\times20\times80^3\times1.05\times10^{-8}}{1.875}$$

$$=\frac{0.5625}{1.875}$$

$$=30\%$$

根据计算，回收量为 0.5625 L/hm²，回收率为 30%，即只有 30%的药液喷洒在目标物上，剩余的 70%药液经挥发和飘移等流失。

（1）挥发流失及预防措施

在农业航空作业时，雾滴挥发是一个比较突出问题。雾滴的挥发是由很多因素造成的，其中气温、湿度和雾滴大小是主要影响因素。挥发会使喷洒的雾滴不能全部到达目标物，小雾滴尤为明显。以水为介质配制的药液在高温度、低湿度条件下极易挥发流失。在相对湿度 60%以下进行喷洒作业会使雾滴回收率明显降低，应立即停止作业。

当温度为 20 ℃时，平均直径 200 μm 的雾滴在下降过程中的挥发流失率和相对湿度的关系如表 6-13 所示。

表 6-13　挥发流失率和相对湿度的关系

相对湿度/% 下降距离/m 挥发损耗率/%	20	40	60	80	100
0（理论数）	0.9	1.9	3.0	4.3	5.8
60	1.2	2.6	4.1	5.8	7.7
90	4.0	8.5	13.3	19.0	25.0

由此可见，在空气相对湿度 60%的条件下，下降距离达到 7.7 m 时，挥发损耗达 100%。当相对湿度 90%，下降距离达到 25 m 时，挥发损耗达 100%，可以得出飞行高度与挥发流失呈正相关。风是影响雾滴挥发的另一重要因素，风会带来不饱和的空气，带走雾滴中的水分，同时风会改变雾滴的运动轨迹，使雾滴产生水平运动，并延长雾滴下降时间。

细小雾滴撞击率高，有很好的覆盖度，作业效果好，但小雾滴挥发严重，因此降低雾滴挥发的措施十分重要。为了控制挥发，减少农药的损失，可采取以下几种措施。

① 夜航作业。

夜间作业，气温低、湿度大、无阳光照射、气流相对稳定，雾滴挥发损失小，沉降、雾滴覆盖率高，在澳大利亚、美国等国家广为使用。

② 采用抗挥发的配方。

在药液中加入抗挥发的助剂（如航空沉降剂、植物油助剂）或加入适量的尿素都可以减少挥发。

③ 限制喷施作业的气象条件。

在农业航空作业中，温度超过 28 ℃，空气相对湿度低于 60%，风速大于 6 m/s 时要停止作业。

④ 选择适宜的作业高度。

在农业航空作业中，飞行高度超过 5 m 时，采用低容量喷洒技术挥发现象严重，因此作业的适宜飞行高度应在 3～5 m。

⑤ 静电喷雾法。

通过高压静电场使雾滴带相同极性电荷，这有助于雾滴分散和在目标物上均匀沉降，加快沉降速度，减少挥发。

（2）飘移流失和降低飘移的措施

在农业航空作业中，雾滴飘移是大多数人关注的问题，飘移不但会造成药液的损失，污染环境，甚至造成药害。在喷施除草剂时，问题尤为突出。飘移分为蒸发飘移和雾滴飘移。蒸发飘移是雾滴在沉降或沉降以后，产生蒸发从喷洒地域飘向下风向地区，也称为二次飘移。雾滴飘移是在不良的喷洒条件下产生的，风、湍流都可以把雾滴携带出喷洒区域飘向下风向地区。以水为介质配制的药液易产生蒸发飘移。采用超低容量方式喷洒油剂雾滴时，虽然很少蒸发，但是却存在飘移流失的风险。飞行高度、雾滴大小及气象条件均会影响飘移。飘移距离计算公式为

$$D=\frac{HU}{V}$$

其中，D 为雾滴飘移距离（m）；H 为飞行高度（m）；U 为侧风速度（m/s）；V 为雾滴降落速度（m/s）。

当飞行高度距作物顶端 3 m 时，假设在无风、无涡流情况下，其雾滴沉降速度与飘移距离的关系如表 6-14 所示。

表 6-14　雾滴沉降速度与飘移距离的关系

雾滴直径/μm	10	30	100	300	1000
沉降速度/(cm/s)	0.3	2.7	25	120	500
漂移距离/m	1000	111	12	2.5	0.6

当飞行高度距作物顶端 3 m 时，在风速 5 m/s 情况下，不同雾滴直径的飘移距离如表 6-15 所示。

表 6-15　不同雾滴直径的飘移距离

雾滴直径/μm	20	40	60	80	100	120	140	160	180	200
飘移距离/m	1250	326	150	88	60	44	35	29	24	21

由此可见，雾滴越大，沉降速度越快，飘移距离越短。

为了避免和减少药液飘移流失，提高雾滴的回收率，首先应该根据防治目标、药剂种类及气象条件，选择适当直径的雾滴，同时根据不同的雾滴大小和飘移距离进行侧风修正。然后，除草作业时降低喷洒压力，雾滴调控在 250～350 μm，并在作业时降低飞行高度，尽量避免在多风和高热流等条件下作业。最后，在药液中加入适量的航空沉降剂和植物油助剂。

3. 影响农业航空喷洒质量的其他因素

(1) 气流因素影响

雾滴在空气中的运动主要受气流的影响。气流分为水平气流和垂直气流。垂直方向的气流也称热气流，是指地面不同高度气流的稳定性。水平气流就是风，雾滴的飘移距离与地面风速成正比。离地面不同高度的风速也不一样，越靠近地面，作物表面风速越低，因为地面或作物对水平气流有阻力，所以飞机喷洒作业时的位置离作物越高，雾滴挥发越快，飘移距离越远。

在喷洒作业过程中，喷洒的雾滴靠气流均匀撒布，如 M-18 型飞机的喷杆长度 17 m，但作业喷幅为 45 m，这就是靠气流的撒布达到所需的喷幅。在低容量和超低容量喷洒作业中，喷幅的大小主要根据风速调整。由于田间风速受田间小气候的影响，风速和风向时刻都在变化，因此飞行员要根据对风的判断，做出的相应调整。

在无风的情况下，飞机喷洒的雾滴一部分会悬浮在空中，这种现象在小雾滴喷洒时尤为明显。无风条件下雾滴的沉降非常缓慢，这些雾滴可能飘移到几公里外，增大次生灾害发生的风险。无风情况下造成这种现象的主要原因如下。

① 喷嘴离翼尖太近，在翼尖涡流作用下雾滴向上飘动。

② 部分雾滴被螺旋桨产生的涡流抛入空中。

③ 热气流从地面、作物中升起，上升气流将雾滴带到空中。

以上这些情况都可以在阳光下观察到雾滴形成的云团。在无风情况下进行喷洒作业，小雾滴都停留在逆流层。这种逆流层在晚间，人们用肉眼更容易观察到，但只要有侧风存在，便会打破这种情况。在侧风情况下进行喷洒作业，可以观察到飞机喷洒产生的等腰三角形的喷雾带。

经过测试证明，趋于平静的风是多变的。轻风情况下，风可能突然静止，也可能做 180°转变，从而造成喷洒间距很大的漏喷条带，因此在容易变化的轻风中进行喷洒作业要十分谨慎。在实际作业中，稳定的风是很少见的，通常情况下侧风或偏侧风均不会造成药带的飘移，而迎风或顺风喷洒更容易产生漂移药害。在阵风条件下喷洒，药带的重叠和漏喷并不严重，这是因为喷幅的重叠会产生互补。飞机喷洒的喷幅是固定的，而地面得到的喷幅要比飞行喷幅宽，这就弥补了两喷幅相接的差异和不均匀。因此，在阵风中，喷洒大部分不均匀的区域会被下一个喷幅补充，整片区域最终会趋于均匀的覆盖密度。在侧风中，喷洒后经测定，雾滴的覆盖率和防治效果最佳，但如果阵风超过 6 m/s 时，就要停止作业，除草作业风速不得大于5 m/s。如果在无风条件下飞行，飞机会受飘浮在空中的药带影响，极不安全。因此，在无风条件下也必须停止作业。最适宜的喷洒作业风速是 3～4 m/s 的清晨或傍晚。

(2) 飞机翼尖涡流影响

当飞机机翼产生升力时，下表面的压力比上表面大，空气从下表面绕过翼尖部分向上面流动，形成翼尖涡流。机翼两股翼尖涡流中心之间的距离大约是翼展的80%～85%，涡流直径大小约占机翼半翼长度的10%，平飞时两股涡流不是水平的，而是缓缓向下倾斜。在两股翼尖涡流中心的范围内，气流向下流动；在翼尖涡流中心的范围外，气流向上流动。因此，飞机翼尖和螺旋桨引起的涡流会使雾滴变成不规则分布，小雾滴无法到达目标物(图 6-16)。

图 6-16 飞机喷洒作业中产生的翼尖涡流

受飞机翼尖涡流的影响，喷洒的雾滴往往更容易落至目标物上，这是由于作物在涡流的作用下产生抖动，容易吸附涡流状的药雾。

(3) 飞行高度和飞行速度

在农业航空作业过程中，飞行高度过高会使雾滴挥发、飘移严重；过低的飞行高度会造成带状影响，即药液没有达到指定宽度的喷幅，分布过多而出现在一条较窄的条状区域，使单位面积药量增加而出现药害。在正常情况下，防治病虫害的适宜飞行高度为4～6 m。

飞机作业时的速度因机型而异，飞行速度快产生的涡流小，飞行速度慢产生的涡流大。当飞机上升的时候，气流向下形成很大的涡流，接触到目标物的涡流又向上升起，顺着目标物向两侧撒布。当飞行高度过低时，喷洒的药液会径直下降散布在目标物上。飞机的运动会极大地影响雾滴的运动，飞机螺旋桨会使雾滴在涡旋中甩出。因此，要使雾滴沉积取得良好的覆盖密度，保证适宜的飞行高度和飞行速度十分重要。

(4) 风速影响

风速影响喷洒雾滴飘移距离和沉降速度，使喷幅位移。为了准确确定喷幅的位置，作业前要修正风对漂移的影响，避免重喷和漏喷而影响作业质量。雾滴的飘移距离可利用下式计算，再根据雾滴的飘移距离进行修正，即

$$D=\frac{HU}{V}$$

其中，D 为雾滴顺风飘移的距离(m)；H 为机翼距作物的高度(m)；U 为侧风速度(m/s)；V 为雾滴降落速度(m/s)。

例如，飞机的飞行高度 5 m，侧风风速 2 m/s，雾滴直径 100 μm，下降速度 0.25 m/s，修正距离为

$$D=\frac{5\times2}{0.25}=40\text{m}$$

如果雾滴直径为 200 μm，雾滴下降速度为 0.72 m/s，则

$$D=\frac{5\times2}{0.72}=13.89\text{ m}$$

雾滴降落速度参考表如表 6-16 所示。

表 6-16 雾滴降落速度参考表

雾滴直径/μm	以(1 L/hm²)喷液量为例雾滴数/(个/cm²)	降落速度/(m/s)	降落点(以顺风向漂移距离为例，假设侧风速度 1 m/s，喷洒高度 5 m)/m
20	2358	0.012	83
40	298	0.046	22
60	88	0.1	10
80	37	0.17	6
100	19	0.25	4
120	11	0.34	3
140	7	0.43	2
160	5	0.52	2
180	3	0.62	1.6
200	2	0.72	1.4

在实际作业中，飞行员对风的修正方法如下。

① 侧风修正。

侧风修正有偏流修正法和移位修正法。偏流修正法应使飞机飞行的航迹与信号保持平行。

偏流修正度数＝风的垂直风力(m/s)×1.3

移位修正法为飞机移向信号线上风向一定距离，使药液喷洒在预定地带。

移位距离＝药液沉降时间(s)×风的垂直风力(m/s)

② 顺逆风修正。

打开喷洒设备距起始信号距离＝喷洒设备开启延滞时间(s)×飞行速度(m/s)±药液沉降时间(s)×顺逆风风速(m/s)

关闭喷洒设备距终点信号距离＝[喷洒设备关闭延滞时间(s)＋残积物拖延时间(s)]×飞行速度(m/s)±顺逆风风速(m/s)

(5) 温度、湿度和降雨的影响

温度、湿度和降雨对农业航空喷洒作业影响明显，尤其是低容量喷洒。降雨可将药液从目标物上冲刷掉，造成药液流失。因此，在作业前要熟悉所用药剂的理化性质，了解各种药剂喷施后与降雨间隔时间，并与气象部门密切合作，提前掌握天气情况，以便确定作业计划。

为了减少药液蒸发和飘移流失，在空气相对湿度 60%以下，温度超过 28 ℃时应停止作业。此外，上午 9 时到下午 3 时上升气流较大，也应停止作业。

第7章　农业技术集成

农业航空作业作为现代化生产手段，在农业生产中发挥着越来越重要的作用。我国农业航空历经50多年的发展，已经相对成熟，并在国际化的浪潮中迅速发展，逐渐向精准化、高效化方向发展。现在我国农业航空主力机型绝大多数是从国外进口的成熟、稳定的机型。近年来，我国农业航空作业直升机的数量也在不断增加，并在林业航空中得到很好的市场反应。

7.1　农业航空喷施技术措施的制定

农业航空是一项涉及多学科的技术，制定喷施技术措施时，要从多方面综合考虑，制定适合当地具体情况的农业航空喷施技术措施。

1. 根据防治目标确定最佳防治时期

在防治时期的选择上，一般在作物抗药能力强，虫、病、杂草抗药能力弱的时期进行农业航空作业，即选择在害虫的低龄期、病害发生的初期、杂草叶龄低的时期防治效果最佳。例如，防治小麦黏虫的最佳时期应该在虫龄3龄以前；防治水稻穗茎瘟的最佳时期应在水稻的始穗期至齐穗期；防治稗草的最佳时期是稗草2～3叶期；大豆叶面施肥的最佳时期是大豆的盛花期至鼓粒期。因此，制定农业航空作业技术措施时要把握好最佳的施药时期。

2. 根据作业地块大小及分布确定喷洒作业方式

在保证飞行安全，提高作业质量和作业效率的前提下，采取最经济合理的喷洒作业方式。在狭长地段采取穿梭法，在地块宽度大于1200 m或两个位置大致平行、面积基本相等的作业地块，采用包围法作业。在小地块、分散地段采用串联法作业。农业航空作业期间,农时紧、任务重、最佳施药期短,提高作业效率是在最佳时期完成作业项目的最好保障。

3. 根据航空作业的特殊性选择最佳药剂(化肥、微肥)

农业航空作业有特殊性,与人工、机械地面作业不同,农业航空作业在药剂(化肥、微肥)的选择上要求严格,在制定技术措施时要结合药剂的特性,从安全、有效、经济的角度制定。此外,还要适用于飞机使用。溶解性差、杂质多、腐蚀性强的药剂(化肥、微肥)均不可用于农业航空作业。

4. 根据防治目标确定喷液量

根据不同的防治目标采用不同的喷液量。根据多年的试验研究及生产应用,作物苗后除草喷液量 20 L/hm^2 为宜,叶面施肥防病喷液量 17 L/hm^2 为宜,农作物灭虫喷液量 5～15 L/hm^2 为宜,森林灭虫、草原灭蝗使用原液(油剂)喷液量 1.5～3 L/hm^2 为宜。

5. 根据防治目标确定雾滴大小和雾滴覆盖密度

无论是森林、草原或农作物灭虫,都需要小雾滴喷洒,雾滴直径 30～120 μm,叶片上的雾滴密度不小于 10 个/cm^2。农作物防病如果使用的杀菌剂属内吸传导型药剂,使用中雾滴喷洒,雾滴直径 200～250 μm,雾滴密度不小于 20 个/cm^2;如果使用保护型杀菌剂,雾滴密度不小于 40 个/cm^2。除草处理要求采用大雾滴,雾滴直径 250～300 μm,苗前土壤除草,雾滴密度不小于 20 个/cm^2;苗后茎叶除草,雾滴密度在 20～40 个/cm^2。

6. 根据防治目标确定喷洒方法

防病、灭虫一般采用飘移性喷雾法。飘移性喷雾法要求飞行高度在 4～5 m,喷幅较宽,主要是利用侧风将喷雾分散和传递,飞机航向与风向垂直。由于每次喷洒的面积雾滴相互重叠累积,因此施药区各点所喷药剂较均匀。除草主要采用针对性喷雾法，一般要求飞行高度较低，在 3 m 左右，喷幅也要较其他作业窄，靠飞机飞行时产生的下降气流将雾滴沉降在目标物上。

7. 根据防治目标选择喷洒设备

农业航空作业喷施除草剂通常禁止使用旋转雾化器，而是选择扇形或圆锥形喷嘴来避免飘移产生次生灾害。喷洒杀虫、杀菌剂和叶面施肥选择旋转雾化器，其优点是雾滴大小可控范围大、雾化效果好。

7.2　农业航空作业的喷施技术

1. 农业航空作业喷洒技术的发展现状

随着我国农业装备的不断进步，农业航空作业技术正迅速向国际先进水平靠近。我国的农业航空喷洒技术完全可以与生产现状匹配。现有的大多数设备均可做到根据不同的防治目标和条件调节雾滴大小。我国正逐步推广的低容量与超低容量喷洒，也为节能减排做出了贡献。随着我国导航系统的发展，农业航空喷洒的均匀性、覆盖度也大幅提升，基本避免了漏喷与重喷的现象。

2. 农业航空喷洒技术

目前，我公司农业航空作业采用的喷洒作业技术是超低空飞行、小直径雾滴、高雾滴密度、低容量喷洒。该项技术是在国外引进的基础上，经多年试验研究形成的适合我国农业航空的综合配套技术，并在国内各通用航空公司得到广泛推广。

（1）飞行高度

低容量喷洒作业的高度要求在 3～5 m。在侧风风速 1～3 m/s 条件下，飞行高度 4～5 m；在侧风风速 3～5 m/s 条件下，飞行高度 3～4 m。在风速较大时，飞行高度降低；风速小时，飞行高度适当提高，这样可以保证有效喷幅的宽度。

（2）作业喷幅

选择适宜有效的喷幅可以保证不重不漏，是农业航空作业提高喷洒质量的关键。飞机在空中完成的一个喷幅称全喷幅或单喷幅。通过测量单喷幅的雾滴分布情况发现，雾滴的沉积量并不均匀，表现为在喷幅两端密度较低。当飞机完成下一单喷幅时，喷幅边缘会重合，可以弥补单喷幅边缘雾滴密度的不足，保证作物整体的雾滴覆盖密度和作业质量。

同一机型针对不同作业项目的喷幅宽度也有差异。作业喷幅是经过反复测试及长期生产实践验证得出的，不可以随意更改，这样才能做到不重不漏，保证高质量航空作业效果。

（3）喷液量

根据民用航空作业标准规定，喷液量大于等于 30 L/hm^2 的喷洒作业称为常量喷洒；喷液量 5～30 L/hm^2 的喷洒作业称为低容量喷洒；喷液量小于等于 5 L/hm^2 的喷洒作业称为超低容量喷洒。目前，农业航空作业采用的是低容量喷洒技术，每公顷喷液量在 20～25 L，并根据不同的作业项目，相应地调整喷液量，苗前土壤除草喷液量为 25 L/hm^2，其他农业航空作业喷液量为 20 L/hm^2。超低容量喷洒作业目前只用于森林灭虫（喷液量 3 L/hm^2）和草原灭蝗（喷液量 1.5 L/hm^2）。

（4）飞行速度

机型不同，飞机作业速度也不相同。例如，S2R-H80 型飞机的作业速度为 225 km/h，M-18 型飞机的作业速度为 180 km/h，Y-5 型飞机的作业速度为 170 km/h，R66 型飞机的作业速度为 110 km/h。

（5）药液配制

药液配制应按飞机每架次实际装载量和单位面积使用的药剂（化肥、微肥）数量计算，并准确填装，也可以将数架次的药液同时配好，再按每架次固定药量为飞机装药。无论是可湿性粉剂、水剂、乳剂、悬浮剂等均要先用少量水配制成母液，再把配制好的母液倒入配药池或配药箱中，使其通过 250 目纱网过滤，不断搅拌后加入所需水量。如果进行叶面施肥，无论肥料的可溶性如何，都要先将肥料溶解后再倒入配药池或配药箱中。为飞机装药液的过程中还须有滤网过滤，防止杂质堵塞喷嘴。如果向飞机药箱中直接加药，应先在飞机药箱中加入半箱清水，再倒入配制好的母液，最后加入所需水量。切忌先将药剂母液加入飞机药箱后再加水，这样易造成上下药剂浓度不均匀，并且喷杆、药泵中会充满药剂的母液。

药液配制时要精确计算，特别是多种药剂混合喷施时更要注意用药量的准确性。多种药剂与肥料、微肥等混合使用时，要在配制药液前做好混配试验，防止发生化学反应。不论使用何种配方都要将配方中的药剂名称、特性告知飞行员。

7.3 农业航空叶面施肥作业技术

随着各种农作物产量的不断提高，传统的地面施肥技术已经无法满足农作物对养分的需求。特别是，作物生长的中后期，对磷、钾及各种微量元素的需求大，传统方式很难满足。部分地区由于在土壤中过量的施用氮肥和磷肥，引起拮抗作用，使土壤出现缺锌、硼等微量元素现象。采取土壤平衡施肥的方法可以减少土壤拮抗，当土壤施用化肥达到一定量时其效益反而下降，产量很难有明显的提高，而采用叶面施肥技术，就可以解决这个问题。叶面施肥是提高作物产量、品质和促进早熟的有效途径，是平衡施肥的重要手段。叶面施肥的最佳时期是作物生长的中后期，即生殖生长期。此期作物生长茂盛，地面机械作业很难完成，因此农业航空作业是最佳的选择。农业航空作业效率高，可以在最佳的时期、最短的时间内完成作业，进一步提高施肥效果。

1. 适合作业的机型

目前，我国所有农业固定翼及旋翼机型飞机均可进行叶面施肥作业。

2. 飞行高度

农业航空叶面施肥作业高度应掌握在 3～5 m，不宜超过作物顶端 7 m。

3. 飞行速度

S2R-H80 型飞机的作业飞行速度为 225 km/h，AT-802 型飞机的作业飞行速度为 240 km/h，M-18 型飞机的作业飞行速度为 180 km/h，Y-5 型飞机的作业飞行速度为 170 km/h，R66 型飞机的作业飞行速度为 110 km/h。

4. 作业喷幅

AT-802 型飞机的作业喷幅为 60 m，S2R-H80 型飞机的作业喷幅为 40 m，M-18 型飞机的作业喷幅为 45 m，Y-5 型飞机的作业喷幅为 50 m，R66 型直升机的作业喷幅为 25 m。

5. 喷液量

飞机喷液量采用 7.5～20 L/hm^2。具体喷液量视肥料在水中溶解性和对叶片的伤害程度而定。

6. 喷洒设备

AT-802 型飞机使用 AU-5000 型旋转雾化器 12 个，S2R-H80 和 M-18 型飞机使用 AU-5000 型旋转雾化器 10 个，Y-5 型飞机使用 7616-400 型扇形喷头 52 个，R66 型飞机使用 8004＃型扇形喷头 46 个。

7. 气象条件

适合农业航空叶面施肥作业的气象条件为风速≤5 m/s，空气相对湿度≥60％，气温≤28 ℃。若 2 小时内有降雨等情况，建议取消当天作业。

8. 雾滴大小及密度

农业航空叶面施肥作业采用雾滴直径 200～350 μm 的中雾滴喷雾，雾滴密度不小于 20 个/cm^2。

9. 农业航空叶面施肥适宜时期

在进行叶面施肥作业之前，应对土壤和作物叶片养分含量进行分析。在缺乏叶片测试手段的地方，至少进行土壤分析，明确各种养分含量，并根据土壤和叶面双重因素计算要达到某一预期产量指标需补充的各种养分数量(还要考虑以往的试验数据)。不同作物及生育期航化作业时期表如表 7-1 所示。

表 7-1　不同作物及生育期航化作业时期表

作物	作业时期
小麦	分蘖期、拔节期、灌浆期
大豆	初花期、鼓粒期
玉米	喇叭口期、乳熟期
水稻	分蘖期、拔节孕穗期、始穗期、齐穗期
油菜	初花期至盛花期

小麦分蘖期和拔节期要注意氮肥的补充，灌浆期着重磷、钾肥的补充。大豆的初花期和鼓粒期应增大磷、钾肥的供应比例。玉米喇叭口期应加强氮肥的供应，乳熟期应满足磷、钾肥的需求。水稻分蘖期以氮肥为主，拔节孕穗期是水稻的需肥高峰期，应根据水稻的长势重点补充，始穗期至齐穗期应以磷、钾肥为主。油菜初花期至盛花期以补充磷、钾肥为主。微量元素的补充应宜早。调节剂类与生物制剂类的产品可以根据作物生长情况和使用的目的具体应用。在进行叶面施肥的同时，还要考虑灭虫、防病、促早熟等作业项目同时进行。在作物的整个生育期，作业的次数要根据用户的经济条件和作物的生长状况来选择。一般情况，大豆和水稻整个生育期叶面施肥两次为最佳方案，增产效果最显著。

10. 药液要求

叶面施肥作业与防病、灭虫、除草等作业同时进行时，必须在作业前进行混配试验，防止出现药液沉淀或发生化学反应，降低或影响药效和肥效。

7.4 农业航空防病作业技术

黑龙江省各农场都采用复式作业方式，即几项不同的作业同时进行。农业航空防病技术与叶面施肥基本相同，作业时可参照执行。

1. 适合作业的机型

目前，我国所有农业固定翼和旋翼机型飞机均可进行防病作业。

2. 飞行高度

农业航空防病作业高度应掌握在3～5 m，不宜超过作物顶端7 m。

3. 飞行速度

S2R-H80型飞机的作业飞行速度为225 km/h，AT-802型飞机的作业飞行速度为240 km/h，M-18型飞机的作业飞行速度为180 km/h，Y-5型飞机的作业飞行速度为170 km/h，R66型飞机的作业飞行速度为110 km/h。

4. 作业喷幅

AT-802型飞机的作业喷幅为60 m，S2R-H80型飞机的作业喷幅为40 m，M-18型飞机的作业喷幅为40 m，Y-5型飞机的作业喷幅为50 m，R66型直升机的作业喷幅为25 m。

5. 喷液量

固定翼飞机喷液量采用7.5～20 L/hm²，直升机喷液量采用7.5 L/hm²。具体喷液量视药剂在水中溶解特性和对叶片的伤害而定。

6. 喷洒设备

AT-802型飞机使用AU-5000型旋转雾化器12个，S2R-H80和M-18型飞机使用AU-5000型旋转雾化器10个，Y-5型飞机使用

7616-400 型扇形喷头 52 个，R66 型飞机使用 8004#型扇形喷头 46 个。

7. 雾滴大小及密度

农业航空防病作业采用雾滴直径 250～300 μm 的中雾滴喷雾，雾滴密度不小于 25 个/cm^2。

8. 药液的选择和配制

在药剂选择上，首先应考虑可溶、高效、低毒、低残留、环保型农药，其次选择适宜飞机喷洒的农药，要求含量高、杂质少。为了提高药效，减少药剂挥发和飘移，在配制药液时，应加入喷雾助剂。

9. 农业航空防病作业适宜时期

各种农作物病害的防治最佳时期都很短，只有在最佳防治期防治效果好，一旦错过，防治效果将大幅下降，农作物损失增加。

① 小麦赤霉病的防治在小麦抽穗扬花期，小麦叶枯病的防治在小麦抽穗期。这两种病害的防治时期大致相同，可结合叶面施肥同时作业。

② 大豆灰斑病的防治在大豆的花荚期，可与叶面施肥同步完成。大豆灰斑病的防治指标为，大豆叶片上有 30%出现病斑。

③ 水稻叶瘟的防治应在稻瘟病点片发生且气候适宜、水稻生长繁茂时进行。水稻穗茎瘟的防治最佳时期应在水稻始穗期至齐穗期。

④ 水稻褐变穗(粒)由多种病原体侵染所致，如叶鞘腐败病、细菌性褐斑病、稻瘟病都可引发。它的防治时期可与防治稻瘟病同步进行复式作业。褐变穗的防治最佳时期应在水稻孕穗期至齐穗期。

⑤ 玉米大斑病在玉米的整体生长周期都能发生，但在抽雄后加重。因此，玉米大斑病可在雄穗抽穗期或发病初期进行防治，与叶面施肥同步进行。

⑥ 玉米小斑病常与大斑病混合侵染，发病稍早于大斑病，一般在雄穗抽穗前发病，防治时期尽量选择在抽雄前。

⑦ 马铃薯晚疫病由马铃薯疫霉引起，在马铃薯开花时期爆发，可在开花期或叶片出现病斑后进行防治。

7.5　农业航空灭虫作业技术

病虫害的发生，特别是突发性病虫害，会给农作物造成很大损失，如不能及时防治损失会更大，甚至绝产。采用人工地面防治往往会延误最佳的防治时期，而农业航空作业，能够抓住最佳的防治时期，使损失大幅下降。采用飞机作业，雾化性好，能利用飞机涡流吹动叶片，使叶片正反两面着药，同时利用小雾滴的高穿透性，可以提高灭虫效果。

1. 作业喷幅

S2R-H80、AT-802、M-18、Y-5 型飞机农业航空作业喷幅为 50 m，草原灭蝗作业喷幅为 60 m。

2. 喷液量及雾滴大小

农业灭虫作业采用小雾滴作业，喷液量较其他农业航空作业小，喷液量 5～15 L/hm^2，雾滴直径 150 μm，雾滴密度 10～15 个/cm^2。草原灭蝗作业喷液量为 1.5～3 L/hm^2（原液），雾滴直径 90～120 μm，雾滴密度 10 个/cm^2。

3. 喷洒设备

S2R-H80、M-18 型飞机安装 AU-5000 型旋转雾化器 10 个，AT-802 安装 AU-5000 型旋转雾化器 12 个，流量调节设置在 11 的位置。

4. 飞行高度

农业灭虫作业的飞行高度为 5～6 m，草原灭蝗作业的飞行高度为 5～7 m。

5. 药液配制

农业航空灭虫作业采用的是低容量和超低容量喷雾作业，雾滴密度大，喷液量少、雾滴直径小、飞行高度高。为了提高效果、减少药剂的挥发和飘移，在配制药液时，应加入喷雾助剂，如航空沉降剂和植物油助剂。

6. 农业航空灭虫作业适宜时期

各种农作物病虫害的防治最佳时期都很短，虫龄越低，效果越好，一旦虫龄增加，防治效果将大幅下降，甚至失效。

① 小麦黏虫防治的最佳时期是黏虫 1～3 龄幼虫期。防治指标是 1～2 龄幼虫 10～15 头/m^2，3 龄幼虫 30～40 头/m^2。

② 大豆食心虫防治的最佳时期是大豆的结荚期，可与叶面施肥同步完成。防治指标是大豆食心虫防治指标为 100 延长米 2 垄大豆，有连续 3 天累计蛾量达到 100 头，雌雄比例 1∶1，或平均百荚卵量 20 粒。

③ 大豆蚜虫和蓟马防治。对于大豆蚜虫，50％大豆植株叶片皱缩或有蚜率达到 55％，百株大豆有蚜量达到 1500～3000 头以上时进行防治。对于大豆蓟马，平均每株 30 头以上时进行防治。

④ 玉米螟的防治的最佳时期是玉米的抽雄期，田间累计卵量百株超过 30 个时，气候适宜即进行防治。

⑤ 水稻潜叶蝇防治。在水稻移栽后 7～10 天，在田间检查虫卵情况，当卵量增多，且孵化率达到 20％时进行防治。

⑥ 水稻负泥虫防治。当发现田间卵量增多，负泥虫小米粒大小时进行防治。

⑦ 防治油菜菌核病应该在油菜初花期进行。防治油菜小菜蛾应该在幼虫 3 龄前进行。

7. 药剂选择

农业航空防病、灭虫作业，在药剂选择上应优先选择可溶、高效、低毒、低残留、环保型农药，并且要求药剂有效含量高、杂质少。

8. 注意事项

① 如果作业区域的下风向有牧场、蜂场、鱼塘、蚕场、鹿场、营区等场所应停止作业，待安全风向时再进行作业。

② 作业地除信号员外，其他人不能留在田间。作业后田间做明显警示标识。

③ 配制杀虫剂时，配药人员要配备必要的防护措施。防止人员中毒。

④ 草原灭蝗作业要提前发出通告，严禁在施药区放牧。施药后待危险期过后方可进行放牧。

⑤ 信号员必须从下风向向上风向引导飞机作业，严禁信号员和飞行员在药雾中作业。

7.6　林业灭虫作业

林业使用飞机防治害虫在黑龙江省已有几十年的发展历史，由原来的单一机型喷洒粉剂，发展到今天的多机型、低容量、超低容量喷洒。林业航空喷洒技术得到持续提高。

1. 林业航空作业飞行高度

飞机在山区飞行作业，作业飞行高度要求距树冠10～15 m。

2. 作业喷幅

S2R-H80、M-18和Y-5型飞机的作业喷幅为60 m，AT-802型飞机的作业喷幅为75 m。

3. 喷洒设备

(1) 旋转式雾化器

森林灭虫作业使用AU-5000型旋转式雾化器，AT-802型飞机安装雾化器12个，S2R-H80和M-18型飞机安装雾化器10个。

(2) 喷嘴

Y-5 型飞机森林灭虫使用喷嘴，采用低容量喷洒时，喷液量 5～10 L/hm^2，使用 9 号喷嘴；采用超低量喷洒时，喷液量 3 L/hm^2，流量 42.5 L/min，喷头数量 30 个，使用 6 号喷嘴，喷头角度 45°。

4. 雾滴密度、雾滴大小调整

森林灭虫采用超低容量喷洒技术，喷液量 2.5～7L/hm^2，雾滴直径 100～150 μm，雾滴密度 10 个/cm^2。

5. 防止药剂挥发和飘移

森林灭虫采用小雾滴喷洒技术，要防止药剂挥发和雾滴飘移，因此必须在配制的药液中加入防止挥发和加速沉降的助剂，改善雾滴的物理特性。

7.7 农业航空除草作业技术

国内外实践已经充分证明，航空化学除草不但速度快、效率高、效果好、保证农时、节省农药、保证质量，而且能够完成由于气象条件影响，地面人工和机械难以完成的除草任务。农业航空除草作业是农业航空作业中的一个主要项目，特别是在草害严重的年份。

农业航空除草作业不同于其他农业航空作业，易对敏感的作物造成次生灾害，因此飞机作业前的农艺准备很重要。任何机组在执行任务前必须向公司通报。

1. 适合农业航空除草作业的机型

目前，我国适合进行农业航空除草作业的有 AT-802、S2R-H80 和 M-18 型飞机。

2. 飞行高度

农业航空除草作业飞机高度应严格掌握在 3 m。

3. 飞行速度

各种机型的作业飞行速度有所不同，M-18 型飞机的作业飞行速度为 180 km/h，S2R-H80 型飞机的作业飞行速度为 225 km/h，AT-802 型飞机的作业飞行速度为 240 km/h。

4. 作业喷幅

作业喷幅一般根据防治目标、飞行高度和雾滴密度确定，并根据地面测试得到。在实际作业中应严格执行，不得随意增大或缩小喷幅。农业航空除草作业，茎叶喷洒除草剂喷幅如下，M-18 型飞机喷幅为 35 m，S2R-H80 型飞机的作业喷幅为 30 m，AT-802 型飞机的作业喷幅为 40 m。

5. 喷液量

农业航空喷洒除草剂，由于雾化良好，覆盖均匀，使用的药剂浓度高，能够充分发挥除草剂的触杀和内吸性作用。农业航空除草作业的喷液量是在引进国外喷洒作业技术的基础上，经国内多年试验研究、测试及生产实践后总结出来的。土壤处理除草剂喷液量较大，茎叶处和理苗后除草剂喷液量相对较小。

6. 设备

农业航空除草作业禁止使用旋转式雾化器，原因是旋转雾化器产生的部分小雾滴易造成药剂飘移和挥发。目前除草作业全部使用喷嘴。M-18 和 S2R-H80 型飞机航空除草使用 B5 型号喷嘴 75 个。

7. 忌避作物

在农业航空除草作业中，对除草剂敏感的作物都称为忌避作物。例如，小麦除草的忌避作物是大豆、甜菜、油菜、蔬菜、向日葵、瓜类等阔叶类作物及禾本科作物水稻。大豆除草的忌避作物是小麦、水稻、玉米等禾本科作物。使用的除草剂不同，忌避作物的种类也有所不同，这一点在农艺准备过程中尤为重要。在实际生产中，要特别注意防止其他敏感作物产生次生灾害。作业前必须告知机长使用的除草剂配方。

8. 气象条件

作业前，要了解当天的气象情况，风速＜1 m/s或≥3 m/s、下风向有忌避作物、空气相对湿度低于60%、气温≥28℃、有降雨，以上条件满足一种必须停止作业，待气象条件转好方可继续作业。

9. 雾滴大小及密度

保证雾滴的覆盖密度是提高杂草防除效果的关键。低容量喷洒技术不要求药液在植物表面形成药膜，只要单位面积达到一定的雾滴密度即可，因此作业应保持雾滴直径200 μm，雾滴密度25～30个/cm^2。

10. 作业时期

除草作业通常选择杂草处于苗期时，效果最佳。

第8章　农药的安全及使用

农业航空作业中使用的各种类型的农药，既可以有效防治农作物病、虫、草、鼠、害，同时又是有毒物质，使用或防护不当也会对人产生毒害。在农业航空作业过程中，应该把安全使用农药作为重点工作。

8.1　农业航空作业药害及药害处理

在农业航空喷洒作业过程中，药害分为两种，一种是敏感作物出现药害，导致农作物死亡或严重减产；二是人、畜中毒。药害是航空公司、作业单位及广大农户关注的重点问题。药害出现后通常的解决办法有协商解决、按合同赔偿，有时也需要通过法律方式解决。下面通过分析农业航空作业药害发生的原因，总结如何避免药害发生，以及出现药害后的处理等事项。

1. 药害发生的主要原因

通过对多年药害事故的综合分析，药害发生的原因有人为因素、气象条件因素，以及设备因素等。人为因素包括飞行员操纵不当、机场组织人员不遵章、药剂配方不合理、地面信号引导不当等。气象因素是在气象条件不允许的条件下飞行，造成药剂挥发、飘移等。设备因素包括飞机喷洒设备陈旧老化、维修不当等。

(1) 人为因素

① 飞行员操纵不当。

飞行员操纵不当极易使敏感作物发生药害。例如，目标区域找寻错误；在喷施除草剂作业中，喷药阀门关闭过晚、飞行高度超过规定标准等，均会使药剂喷施或漂移到邻近地块或波及敏感作物，使其出现药害。

② 农业航空作业组织者责任。

在农业航空作业期间，农业航空作业组织者责任重大，飞机作业使用的农药、化肥种类、区域划分、药剂配方、地面保障等都由农业航空作业的组织者指挥，因此农业航空作业的组织者要有较高的专业素质。曾有农业航空作业组织者指挥不当而造成药害的事故，某农场在进行飞机大豆除草作业时，当风速达到 6～7m/s 时，按规定应停止作业，但农场方面仍要求继续作业，飞行员拒绝无果，结果使水稻出现严重药害，造成损失。另一个案例是，某农场进行小麦除草作业时，风向对下风向敏感作物不利，但农业航空作业组织者要求继续作业，结果造成下风向 13 hm^2 大豆出现不同程度的药害。

飞机在除草作业中规定，严禁使用灭生性及强挥发性的除草剂，且飞机除草作业前，机场组织者必须把使用的药剂种类、配方通报机长，并向公司汇报。

农业航空作业组织者必须在除草作业的前一天，将作业区域地图交给机长，地图上除了标明高大建筑物，主要村庄、高压线等外，还要明确标明作业区域的准确位置及周围忌避物的位置，避免人、畜、作物发生次生灾害。

③ 选用除草剂种类或混配不当。

在作物除草作业中，禁止使用飞机禁用类药剂，特别是小麦除草。在不同种类农药混配的时候，也要注意药物之间是否会出现不良反应，有些农药在相互混合之后会产生强力的毒性而影响作物。

(2) 气象因素

① 在农业航空作业中，雾滴的挥发是一个突出问题。雾滴的挥发，分为雾滴下降过程中的挥发和落在目标物上产生的挥发。雾滴部分挥发会使其浓度升高，从而影响敏感作物。雾滴挥发有多方面因素，其中气象因素是主要因素。

② 在农业航空作业中，雾滴飘移是需要关注的问题，它不仅使农药损失，降低雾滴回收率和防治效果，污染环境，还会使敏感植物产生药害，特别是喷施除草剂时，药害尤为突出。

(3) 设备因素

由于喷洒设备出现故障,发生药害的事故很多,例如Y-5型飞机在进行叶面施肥作业中喷头丢失,肥料浓度过大使农作物发生药害。在喷洒除草剂作业中,如果喷洒设备漏药,或者喷头防后滴装置不好,喷洒阀门关闭后喷头仍在喷药,都会导致次生灾害。

2. 防止出现药害的措施

农业航空作业是农业生产的高科技手段,是现代化农业的标志。如果采取正确的预防措施,加强管理,药害的现象是完全可以避免的。防止药害发生的措施如下。

(1) 在农业航空作业前要对飞行、地勤人员进行严格的技术培训

在除草作业中,喷洒阀门关闭不能过晚,要早关阀门。在飞行中,严格执行农业航空作业的各项制度,无导航信号或地面信号标志禁止作业。飞行员作业前要熟悉地图,注意周围的忌避物,留出充分的安全隔离带;清楚喷洒的药剂名称,如果喷洒的农药是禁喷药剂,禁止喷洒。飞行员要有一定的植保专业知识,明确药剂配方,增强责任心。

(2) 农业航空作业组织者要严格把关

农业航空作业组织者是农业航空作业的指挥员,要对作业细节严格把关,作业前要详细了解作业区域,核对作业区域周围忌避作物是否标记清楚;作业前注意风向、风速,并与机长沟通。除草作业后要反复到作业区域进行检查,如果发现作物生长有异常现象,要及时处理。

(3) 防止挥发、飘移措施

① 采用抗挥发或加速沉降的助剂,减少挥发和飘移。

② 严格注意天气情况,如遇高温、大风天气应立即停止作业。

③ 除草作业应采用中雾滴,禁止采用小雾滴,必须使用可控制雾滴大小的喷洒设备。除草作业严禁使用旋转式雾化器。

④ 根据风速、风向采用适宜的飞行高度,一般除草作业飞行高度不得超过5 m。

(4) 做好喷洒设备的检查与维修

机务人员在每次飞机降落后检查和调整喷洒设备,如发现漏药、滴

药现象，要及时更换喷嘴。当日作业结束后，要用清水冲洗喷洒设备，防止喷洒设备被药物腐蚀。

3. 出现药害事故后的处理

机场负责人及机组随行技术人员，在农业航空作业后，尤其是除草作业应反复检查作业区域，包括邻近、周围的其他作物，如发现作物生长异常或出现次生灾害，应及时通知机长，并在当日到现场调查了解情况，同时积极协商处理问题，并做好记录。

① 作物种类、品种。

② 土壤类型、质地、有机质、pH 值、前茬作物，前茬作物用药情况。

③ 使用的肥料种类、用量、施肥的方法。

④ 播种的方法及播种日期。

⑤ 使用除草剂的种类、配方、用药量、施药日期和时间。

⑥ 施药时的气象条件，包括温度、湿度、风速、风向、降雨等。

⑦ 作物受害症状、发现药害的时期、作物的生育期、生长情况。

⑧ 近邻作物种类及用药情况。

⑨ 受害作物田间分布、面积，并绘制药害田间分布图。

在此基础上要查明事故原因，分清责任，并及时拿出补救措施，将损失降到最低。如果双方意见不统一，先履行合同，后请权威部门派专家重新鉴定。

8.2　农药急性毒性分级标准

农药急性毒性的分级标准通常用致死中量（LD_{50}）或致死中浓度（LC_{50}）表示，即杀死一个动物群体 50%的剂量或浓度，通常采用大白鼠来测定。LD_{50}一般用毫克每千克表示，LC_{50}通常用克每立方米（毫克每升）表示。LD_{50}或 LC_{50}的数值越小，对人、畜、鱼类的毒性越高；反之，数值越大，对人、畜、鱼类的毒性越低。在农药毒性的分类中，毒性较大的依次为杀虫剂、杀鼠剂、除草剂、杀菌剂。了解各种农药急性毒性值的大小，除可以相对比较各种农药对人、畜、鱼类的毒性，还可以知道该药剂侵入机体途径、中毒症状、生理和病理上的改变、中毒和致死剂量等，并为制定安全防护措施提供科学依据。

1. 农药急性毒性分级标准

我国规定的农药急性毒性暂行分级标准如表 8-1 所示。

表 8-1 农药急性毒性暂行分级标准

测定途径	致死中量或浓度	毒性分级		
		1 级(高毒)	2 级(中毒)	3 级(低毒)
大白鼠口服	LD_{50}/(mg/kg)	<50	50～500	>500
大白鼠经皮(24 h)	LD_{50}/(mg/kg)	<200	200～1000	>1000
大白鼠吸入	LD_{50}/(g/m^3)	<2	2～10	>10

此分级标准是以大白鼠口服、经皮、吸入三项毒性值为依据，综合衡量某种农药对人、畜急性毒性高低。

2. 美国急性毒性分级标准

美国农业部对农药急性毒性分级标准如表 8-2 所示。

表 8-2 美国农业部对农药急性毒性分级标准

毒性分级	口服 LD_{50}/(mg/kg)	人体(68.1 kg)食入致死剂量	人体皮肤接触反应
1(特毒)	<5	<7 滴	极易受害
2(剧毒)	5～49	7 滴～1 茶匙(5～10g)	易引起灼烧水泡
3(中毒)	50～499	1 茶匙～32.4 ml(31.1g)	中等刺激
4(微毒)	500～4999	32.4～473 ml(450g)	轻微刺激
5(几乎无毒)	5000～9999	473～916 ml(900g)	无刺激

8.3 农药进入人体的途径

农业航空作业中使用的化学药物多数都能被人体吸收，并被血液带到周身导致中毒。这种中毒现象称为系统中毒。不论使用的化学药物以何种途径进入体，最后都会出现中毒症状。农药进入人体的途径如下。

1. 通过皮肤

皮肤由于容易吸收直接接触的农药，因此有潜在的中毒危险。许多农药是无色、无刺激性，被皮肤的汗腺吸收后无感觉。接触沾染农药的衣物、工具，途中清洗喷头等都会增加皮肤吸收农药的机率。

2. 通过口腔

大的雾滴或粉剂的农药都能吸附在鼻子、喉咙、口腔内被吞下，用被农药污染过的手吸烟、进食，农药也会进入人体。

3. 通过呼吸

通过呼吸能够使细小的农药颗粒经肺部吸收，直接进入体内血液中，引起农药中毒。

此外，有些农药还会被眼部吸收而引发中毒，导致视力减退，这种情况对于飞行员十分危险。

8.4　不安全因素的潜在隐患

在农业航空作业过程中，由于违反农药使用的操作规程，会存在很多潜在的不安全因素，如不引起注意，很容易发生中毒事故。

① 信号员引导不当，从上风向向下风向引导飞机作业。

② 部分作业农场的地面保障人员缺少工作服、防毒口罩和手套等防护工具。

③ 地面保障人员及机组人员违规进行不安全操作。

④ 飞机场存放药剂的仓库与飞行员宿舍距离过近也容易引起农药的慢性中毒。

⑤ 飞机备件、维修工具等与农药存放在同一仓库，如管理不慎容易造成污染。

8.5　农药中毒症状

1. 有机磷杀虫剂

眼睛：点状瞳孔，有时不一致。
胸部：发紫、喘、痛。
腹部：呕吐、恶心、痉挛、腹泻。
肌肉：容易疲劳、抽动、痉挛。
神经系统：焦急、失眠、做噩梦、头痛、发抖、讲话含糊不清、瞌睡、头晕、惊厥。

2. 除草剂

① 苯氧羧酸类除草剂中毒发展缓慢，中毒现象相继出现于消化系统和神经系统。
② 苯甲酸类除草剂中毒症状为多涎和机能减退。
③ 胺类除草剂中毒后肝脏和肾上腺肿大，并发肾充血。
④ 甲胺类除草剂均为低毒，大剂量能引起食欲减退和腹泻等。
⑤ 氨基甲酸酯类和硫代氨基甲酸酯类除草剂中毒表现与轻度有机磷农药中毒相似，头痛、头昏、乏力、多汗、流涎、恶心、呕吐、食欲减退、面色苍白、瞳孔缩小。

3. 杀菌剂

飞机喷洒的杀菌剂毒性相对较小，但须注意不要将药剂吸入体内，容易引起皮肤过敏性刺激。

8.6　预防农药中毒注意事项

1. 机组人员

飞行员、机械师在农业飞行作业过程中应当注意以下事项。

① 了解所用农药的毒性及特别注意的事项。

② 确保飞机内外清洁，及时清理沾污的农药，药箱及喷洒设备漏药应及时修理。

③ 调整维修喷洒设备时应该戴胶皮手套，防止药液直接与皮肤接触。

④ 天气条件不适宜作业时，应立即停止作业。

⑤ 注意个人卫生，及时更换被药剂污染的衣物。

⑥ 如果在机场或临时起降点用餐，要严格注意药物污染及人员安全。

2. 保障员

① 地面保障员配制药液时必须戴橡胶手套，严禁徒手接触农药。保障人员应有标准的工作服和防毒口罩。

② 在机场或临时起降点进食应格外注意药物污染。

③ 配制药剂时要尽量保持自身处于上风向。

④ 注意卫生、勤换衣物。

⑤ 地面保障人员要了解农药的毒性及特别注意的事项，并在作业前进行适当培训。

8.7 机场急救

机场应备足常用的急救药品。机场工作人员应了解如何处置突发中毒事件，并根据根据实际情况，给予正确的处理。

1. 中毒者在清醒情况下

① 如果有人在机场突然发病，首先要确定是否属农药中毒。

② 外部身体或眼睛受农药污染，应用清水冲洗身体或眼部。

③ 如果中毒者为有机磷农药中毒，有恶心、呕吐、肌肉发抖或抽动、惊厥等应立即服用解毒剂。

④ 尽快将中毒者送往医院治疗。

2. 中毒者在不清醒的情况下

① 如果是外部发生污染，应将衣服脱掉，用清水清洗身体。

② 让中毒者脸部朝下，用手将头部托向侧面，确保其嘴或喉咙通畅，不要让呕吐物阻塞呼吸，保持下巴前伸。

③ 如果中毒者停止呼吸，须做人工呼吸，切记让不清醒者呕吐或服用解毒剂。

④ 迅速将中毒者送往医院治疗。

8.8　民航局发布的关于农业航空作业事故等级标准

1. 范围

标准规定了民用航空飞机在农业航空飞行活动中发生事故的等级。

2. 定义

(1) 农业航空作业事故

在农业航空作业飞行活动中，发生人员急性农药中毒或直接经济损失在最低限额以上的作业事故。

(2) 农药中毒

农药经皮肤、呼吸道、消化道进入人体内引起的急性或慢性病理变化。标准中的农药中毒指生产性中毒。

(3) 急性农药中毒

农药被人一次口服、吸入或皮肤接触量较大，在 24 小时内表现出中毒症状的为急性中毒。

(4) 人员农药中毒死亡

在飞机喷洒农药期间，在农业航空作业范围内的人员，因呼吸道吸入或皮肤污染吸收较大量农药，在 48 小时内中毒死亡。

3. 作业事故等级划分

农业航空作业事故的时间界限是指飞机开始作业飞行至飞行作业结束后 10 小时内发生的事故。

（1）特别重大作业事故

飞机喷洒农药直接原因，导致人员急性农药中毒死亡，直接经济损失在 60 万元（含）以上为特别重大事故。

（2）重大作业事故

飞机喷洒农药直接原因，发生人员急性农药重度中毒，治愈后 3 个月内不能坚持正常工作，直接经济损失在 40 万～60 万元的为重大作业事故。

（3）一般作业事故

飞机喷洒农药作业直接原因，发生人员急性农药中度中毒，直接经济损失在 20 万～40 万元的为一般作业事故。

第9章 农业航空作业喷雾助剂的使用技术

助剂是指除有效成分以外,任何被添加在农药产品中,本身不具有农药活性和有效成分功能,但有助于提高或者改善农药产品理化性能的单一组分或者多个组分的物质。

助剂的作用是大幅改善雾滴的特性。喷雾助剂是航化作业中必不可少的。植物的叶片有绒毛或蜡质层,导致雾滴附着后无法润湿植物叶片表面,只能以小水珠的形态附着在叶片表面,不但影响叶片对药物的吸收,还容易滑落。添加助剂后,雾滴会迅速润湿植物叶片表面,在植物表面形成药膜,防病效果好,还有助于植物对药物的吸收。

在飞机作业期间,温度高、湿度小使雾滴挥发变快,尤其是以水为载体的药液。一般情况下,直径小于 100 μm 的小雾滴,会偏离目标物或蒸发掉。我国北方旱田作业时干旱少雨,空气相对湿度低,尤其近几年作业季节常常遇到这样的条件。因此,农业航空作业中不加喷雾助剂,很难获得好的效果。

1. 航空喷雾助剂的特点

① 在喷雾阶段,可使雾滴更均匀,减少小雾滴数量,减少漂移损失。

② 降低表面张力,改善药液在叶片表面的润湿、铺展性能,使药液耐雨水冲刷。

③ 具有保湿性,减少因水分流失导致的药物结晶,延长药液吸收时间,提高药效。

④ 促进药液的吸收和在植物体内的传导。

⑤ 改进技术,减少用药量,降低成本,一般可减少 30%～50%的用药量。在严重干旱条件下,减少 20%～30%用药量,仍可获得稳定的药效。

⑥ 植物油助剂属天然产品,无毒,可被植物和土壤微生物分解,被

植物吸收利用，有助于保护生态环境。

2. 使用技术

在进行农业航空作业时，植物油助剂使用量为喷液量的0.5%～1.0%。

3. 助剂的分类

农业航空使用的助剂主要分为表面活性剂类和非表面活性剂类。常用的表面活性剂有乳化剂、润湿剂、分散剂和渗透剂等。非表面活性剂主要有溶剂、填料和警告色等。

第 10 章　农业航空作业飞行安全管理

任何飞行活动都存在安全风险，农业航空也不例外。农业航空的安全风险主要包括两个方面，一个方面是空中安全风险，另一个方面是地面安全风险。

10.1　农业航空作业空中安全风险

根据中国民航空域高度分类，高度 100 m 以下的飞行，称为超低空飞行，航空喷洒的高度一般为 3～7 m，航空播种高度一般为 20～30 m，往返作业地点和机场的高度为 50 m，复杂地形高度为 100 m。可见，农业航空飞行全部为超低空飞行。超低空环境复杂，作业速度一般在 250 km/h，折合约 70 m/s，飞行难度大，留给飞行员的反应时间短，因此具有超低空特有的空中安全风险。

1. 低空障碍风险

由于飞行高度低，大多数建筑物、构筑物、树木等会对飞行净空造成影响，甚至地面剧烈起伏，如山丘等，也会造成飞行安全隐患。在通用航空飞行不安全事件中，70%以上是由航空器与障碍物撞击或危险接近造成的。以民航法律法规中的两条规定为例，一条是“禁止向阳飞行”，原因与夜间驾车，对向车辆开启远光灯一样，会极大地对驾驶人员视线造成影响，使驾驶员无法判断即将通过的区域是否有障碍物；另一条是“有杆必有线，飞行高度必须高于杆”，意思是飞行途中如果看到杆，如电线杆，即使没有看到电线，也必须提升高度，从高于电线杆的高度通过，因为高速飞行中很难看清楚远处比较细的电线，当能看见电线的时候已经没有足够的时间处理，所以才会有“有杆必有线”的说法。

常见的低空障碍物有如下几种。

线杆是农田常见的另一类低空障碍物，由于种类繁多，归属电力、邮电等不同部门，空中观察困难(图 10-1)。

图 10-1　田间常见低压线杆

林带是常见的农田低空障碍物，尤其是春秋季节，树木普遍没有枝叶，高空远处观察较为困难(图 10-2)。

图 10-2　田间常见林带

农田地势起伏，低空作业时，田间的低矮障碍物容易刮碰外挂设备或起落架，仅通过作业规划图和高空巡视不易判别(图 10-3)。

图 10-3　田间的低矮障碍物

常见的田间高大障碍物，如水塔等易观察性较高，但危害较大，相比线杆、林带刮碰危害更高(图 10-4)。

图 10-4　田间的高大障碍物

2. 鸟类影响

低空飞行的重要风险之一是飞鸟撞击。与低空障碍物的主要区别是,鸟类与昆虫的出现具有较高的随机性。难以通过高空巡视标记,飞行期间观察困难、躲避困难。

低空作业时,农业生产生态环境一般较好,鸟类较多,低空经常容易碰到鸟类飞行。除此之外,还有大量的昆虫繁殖,对飞行安全产生影响。鸟类的影响主要是常见的鸟击,虽然农业航空飞行速度较低,不会出现运输航空客机鸟击后的严重程度,但鸟击造成副翼、襟翼、调整片、进气道等部件损坏,仍然会严重影响航空器的操控性。昆虫的影响则是对驾驶视线的影响,航空器在飞行时,可能有大量昆虫撞击在窗户上,导致视线受到影响。除此之外,昆虫大量繁殖,也会吸引鸟类前来捕食,增加撞鸟风险。

农业航空撞击鸟类、昆虫的危害相比运输航空不算严重,但发生频率非常高,主要因为农作物成熟时底部常会藏有鸟类,农业航空飞行器飞过时,会惊起鸟类,发生碰撞。

在作业区域内大规模驱散鸟群无法实现,没有风险规避方式,只能依靠飞行人员的应急处置操作,减小风险损失。

3. 飞行疲劳

农业作业争取农时的效果明显,需要在短时间内尽可能地完成飞行任务,伴随而来的飞行疲劳成为重要的飞行风险。农业航空作业飞行每天可以到达 10 h,并且由于作业环境复杂,飞行人员无法像运输航空飞行人员一样,在巡航阶段使用自动驾驶设备,需要不停地进行航空器姿态调整,加上作业环境闷热,很容易产生疲劳等现象,而且运输航空为双驾驶,起到双保险的作用。农业航空固定翼飞机大多采用单驾驶飞行,使疲劳的危险性进一步提高,若没有保证充足的休息,会对飞行安全产生严重影响。

4. 同场航空器运行安全

为争取农时或机型搭配,有时候同一作业区域需要有两架或两架以上的航空器同时作业，使用同一条跑道起降。这对航空器的运行提出了较高的要求，由于不能像运输航空一样，通过高度层调节航空器在同一区域的运行，地面人员必须通过调整作业区域和起降时间等方式，调整航空器运行，飞行人员也必须通过无线电互相联系，确认位置。

5. 低空气象复杂

农业航空飞行由于飞行高度低，地形复杂，不同农场常常在同一城市，却形成不同的"区域小气候群"。例如，靠近山体的气候容易形成多变天气，导致飞机起飞时还是晴天，着陆时已经开始下雨，无法准确预测降水；风向杂乱，靠近平原区域容易突发大风。同时，飞行区域如果是水稻田，正午太阳照射水面，大量水蒸气升腾，很容易形成类似风切变的升降气流。这些复杂多变的超低空气象，使飞行人员必须具有一定的农业航空作业经验，提前预防才能有备无患。

6. 低空迷航及通信中断

由于飞行高度低，常规的通信电台容易因建筑物遮蔽，导致信号不良，通信中断。同时，低空迷航也较常见，一方面因为飞行高度低，视野范围物体快速移动，农业作业区块规划又比较相似，容易出现地面参照物判断错误的情况；另一方面因为水稻等农业区域水汽较大，容易产生辐射雾和蒸发雾，造成能见度降低，若此时遇到定位系统故障，很有可能迷航，靠近国境的农场，甚至容易发生误入禁飞区、误出国境等情况。

7. 应急处置时间短

这个问题是所有超低空作业都必须面对的。由于飞行高度低，当航空器出现故障时，留给飞行员处置的时间非常短，几秒钟飞机就可能会接地，因此农业航空器大多采用大翼展，轻机身的设计，以此增加失去动力后的滞空时间。例如，M-18 型飞机，机身长约 9 m，翼展却超过 17.5 m，将近机身长度的 2 倍，而号称"空中保险箱"的 Y-5 型飞机，更是采用双层机翼，布制机翼蒙皮，装有前缘缝翼等多种手段增加飞机升力，使该机每下降 100 m，向前滑行距离超过 60 m。同时，农业航空器大多采用后三点式起落架设计，使飞机需要在泥泞地面迫降时可以避免发生翻滚、倒扣、侧滚等，保护飞行人员安全。

10.2　农业航空作业地面安全风险

除了上面的空中安全风险，农业航空也面临许多地面安全风险。

1. 跑道环境

农业航空作业多使用临时起降点飞行，一般就是一条简单的水泥跑道，直升机更有可能就在普通的晒谷场起降，跑道环境较差，备份道短，经常会有石子受飞机气流影响，打伤螺旋桨和旋翼，或有外来尖锐物体扎伤轮胎，这些都是农业航空中常见的安全隐患。根据要求，螺旋桨受损深度超过 1 mm，需要进行维修，超过 2 mm 将无法满足运行强度，需要更换。农业飞行跑道因属于季节性使用，长期停用后，破损的跑道布满外来物，同时周边杂草生长旺盛，严重影响起飞安全(图 10-5)。因此，飞行前的跑道清理是必不可少的，甚至每天要清理多次跑道才能确保飞行安全。

图 10-5　破损的机场跑道

2. 农药中毒

在喷洒作业中，若未按规定采取保护措施接触农药，或接触农药后未及时清理，均会发生农药中毒事件，这也是近年来发生较多的不安全事件。农药中毒的对象包括飞行人员、机务维修人员、加药人员、地面信号指挥人员等。

10.3 农业航空作业风险预防

尽管农业航空存在上述诸多风险，但仍然具有无法替代的优势，因此应做好安全风险防控，加强安全管理水平，严格落实规章和技术标准，尽可能地降低、避免风险，发挥农业航空更大的优势。

1. 落实“飞行四个阶段”及规章要求，做好视察工作

飞行前必须做好充分的准备，机组人员提前准备两种地图，一种是作业区域规划图，标明作业地块，需要喷洒不同药剂时，使用不同颜色标注，同时必须注明飞行区域内的电线、水塘、禁止喷药区、居民区等；另一种是卫星图，便于飞行过程中与地面参照物对比，确定飞行位置，配合区域规划图使用，规划好喷洒方式。

如果是第一次进行该区域作业，应向曾经在此区域作业过的飞行人员或当地气象部门了解该时期气象情况，准备好备降机场和临时起降点，做好气象突变备降的应急准备工作。

严格执行检查单制度和法规要求，作业前做好高空视察工作，复杂地形环境或空中无法看清的，应着陆后进行地面视察，并做好地图标注，确保熟知障碍物的情况。这些制度都是用事故教训换来的。

2. 合理分配机组，采用新型作业机型，改善作业条件，防止疲劳飞行

在机组人员搭配上，尽量采取新老搭配，避免缺乏农业作业经验的人员单独作业。一般飞行、机务人员，至少有一名是具有农业飞行经验，最好是熟悉该区域气象情况的人员，以便及时调整飞行方案，配合

应急处置等工作。

在机型选择上，尽量选择新型航空器，模块化维修，减小维修过程风险；驾驶条件良好，驾驶舱温度适宜，减小飞行人员长时间驾驶疲劳。此外，封闭空调环境和封闭式的药箱，也能有效避免长期接触农药造成的药害反应。

3. 安装导航系统，确保飞行动态第一时间掌握

目前农业航空器大多只配备基本电台，低空通信能力较弱，通过安装北斗卫星导航系统，在低空时使用地面基站联络航空器，高空时通过卫星收发航空器信号，一方面能够保障航空器低空通信的能力，另一方面能够实现统一监控，随时掌握作业和航行情况，确保飞行安全。

对于无法加装GPS定位设备的航空器和企业，可以通过增加手持GPS设备的方式，在低空电台通信不良时，使用地面基站联络航空器，保障航空器低空通信的能力。

4. 提高硬件设施建设

硬件设施是航空的基本保障，通过对临时起降点和作业基地跑道的新建、改建、翻修，减少杂物对航空器的损害，防止外来物入侵跑道。通过对储油库的统一标准修建，保障油料无污染，避免因油料污染导致发动机抖动、熄火的可能。通过修建气象服务站，保障作业区域内气象服务，避免机组人员人为判断失误导致的能见度降低、气象突变等隐患。对起降点及作业基地跑道附近的鸟类进行驱赶，修剪机场附近的杂草植被，清理残留的稻谷颗粒，能有效减少鸟害事件的发生。留有充分的安全道和备份道，确保飞机冲、偏出跑道时，能有充足的安全区域。这些风险都能通过硬件设施的完善逐步解决。

10.4 常用农林航空作业规章制度解读

以下规定为我公司结合民航相关法规总结出的严格禁止的操作规定。

1. 禁止与太阳夹角小于45°喷洒

向阳时无法看清电线及低空障碍物走向。

2. 禁止穿药带或雨中作业

① 禁止穿药带。药带对视线的影响非常大，而且航空器穿过药带，药雾容易进入驾驶舱，导致飞行人员药物中毒。

② 禁止雨中作业。一方面降雨同样影响视线，另一方面雨中作业时，雨水会稀释药液，冲刷药液，无法起到喷洒效果。

3. 禁止喷洒作业时观察喷洒情况

喷洒作业时，高度非常低，速度较快，回头观察喷洒状态会导致无法及时避让低空障碍物，发生危险接近、刮碰或撞击。

4. 禁止在气流不平稳的区域作业

农林航空器大多采用下单翼飞行，与普通运输机比，灵活性更好，稳定性较差，适宜农林作业高机动性的特点，但在扰流区和旋风地带作业，飞机较难控制姿态。同时，也影响作业效果，因此不予作业。

5. 禁止在喷洒状态时排除设备故障

飞机应提前调试设备各项参数，地面试车、测试喷洒设备后，再进行作业。空中出现相关设备故障，应采取返场、备降等措施，然后进行地面故障排除，严禁飞行中进行设备故障排除工作。

6. 禁止使用单组油箱供油作业

农林航空器机翼与机身比较大，单组油箱供油会造成两侧机翼受力不均等，对操纵性造成影响，而且容易发生空中发动机停车等情况。

7. 禁止使用大坡度修正喷洒方向

农林航空器灵活性较高，稳定性较差，大坡度修正容易导致飞机姿态失控、失速等。飞机在飞行阶段坡度不得超过30°，高空勘察阶段高度不得低于 50 m，坡度不得大于 25°，进入作业区域前，修正方向的坡度不得大于 15°，否则需重新进入，10 m 以下作业时，坡度严禁超过 10°。

8. 禁止在起伏地带第一个喷幅由下坡向上坡喷洒作业

第一个喷幅时对地面起伏状态不够熟悉，特别是山区，从下坡向上坡喷洒，地面不断升起，航空器飞行速度较快，很容易因地面抬升率较大，引起可控撞地的危险。山坡坡度小于 45°，净空良好，方可沿等高线作业；坡度小于 20°，机翼距山坡的垂直距离不小于 15 m；坡度大于 20°，机翼距山坡的垂直距离不小于 50 m，直升机旋翼距山坡水平距离不小于直径的 1.5 倍。

9. 禁止超载起飞，全载着陆

一般农林作业严禁超载，甚至不能使用满载，载重过大会严重影响飞机操控性，紧急情况下无法及时修正姿态。

10. 禁止搭载飞行无关人员

该条为民航业通行规则，涉及安全、保险、飞机性能、安保、空防等多个方面，因此必须严格禁止。

11. 严禁超时超限飞行、疲劳飞行

超时超限飞行、疲劳飞行容易导致飞行人员精力不集中、技术动作不规范、反应速度下降等后果严重。飞行人员每日飞行时间不超过 10 h，任意 7 个连续日历日不超过 40 h，每个日历月飞行时间不超过 120 h，每个日历年飞行时间不超过 1400 h。直升机 24 h 之内外载荷飞行时间不超过 5 h，外载荷、运输总时间不超过 7 h(其中外载荷不超过 4 h)。进行飞行作业时，在能够清楚地看到地标和目视判断作业飞行高度的情况下，方可起飞，起飞不得早于日出前 30 min(山区日出前 20 min)，着陆时间不得晚于日落时间(山区日落前 15 min)。

12. 飞行前必须经过高空巡视

飞行前应严格执行法规要求，做好高空巡视工作和地图标注工作，确保熟知障碍物的情况。如果作业环境复杂，需要经过地面巡视后，再进行作业。

13. 规范农用机场、跑道和起降点标准，选择合适的场地作为起降场所

机场和跑道应严格按照标准建设、维护、管理，避免外来物入侵，或因管理不善，导致跑道破损，周边植被过高，影响飞行安全。农用机场跑道要求两端有 50 m 的安全道，两侧有 15 m 的侧安全道，坡度不超过 2%，变坡差不超过 1%，不能有水稻田或沼泽地，只能保留高度不超过 20 cm 的软茎作物。

14. 严格落实油料使用双岗同责制度

油料安全是飞行安全的重要基础，应该严格管理油料的品质，做好油库的防静电和消防工作。油料加注时，飞行人员与机务人员应做到双岗同责，核对每次加注燃油的数量，估算好飞行时间，严格落实备份油量的规定，留有充足的安全裕度。固定翼飞机在到达预定着陆地点的基础上，按正常巡航速度还能飞 30 min（昼间）或 45 min（夜间）。直升机备用油量的飞行时间不少于 30 min。

15. 严把气象关口，禁止超天气标准飞行

恶劣的气象条件不但影响飞行安全，也对喷洒效果影响巨大。低于天气标准起飞极容易发生飞行事故。特别是在连续颠簸、风速较大、温度较高、湿度过低时不得进行飞行作业，不但影响安全，而且影响作业质量。农业喷洒作业时，平原地区云高不低于 150 m，能见度不小于 5 km，直升机能见度不小于 3 km；丘陵山区云高不低于 300 m，能见度不小于 5 km，无连续颠簸、下降气流。此外，风速不得高于 6 m/s，温度不得超过 28℃，湿度不得低于 60%。

农业航空作为通用航空作业的重要分支，有其独有的特点，也必然存在其独有的运行风险。随着农业生产的不断发展，农业航空作为一种效率高、效果好的农业生产手段，运行方式也必然不断转变。今后也许会不断涌现出更多前所未见的运行风险，虽然航空运行中无法做到100％的安全，但这些风险必须引起我们足够的重视，尽量降低运行风险，牢记每一次事故的教训，避免重蹈覆辙，才能安全精飞。

附　　录

A　农业航空技术术语

编写农业航空技术术语的目的在于科学、准确、标准、统一地在农业航空作业中使用。本技术术语参考《中华人民共和国民用航空行业标准》——农业航空作业质量技术指标第1部分:喷洒作业(MH/T 1002.1—2016),适用于农业、林业、卫生及科学实验中的航空喷施作业,也适用于航空喷施设备喷施性能的检测及相关教育和技术交流。

A.1　一般术语及技术指标定义

(1) 农业航空

使用民用航空器从事农业、林业、牧业、渔业生产及抢险救灾的作业飞行。

(2) 航空喷施

利用航空器在空中进行喷雾和播撒。

(3) 航空喷洒设备

安装在航空器上进行航空喷施的设备或装置。

(4) 喷雾

通过装置将液体在空气中以液滴形式分散的过程。

① 液力喷雾。

利用液体液力为喷液雾化和喷射动力的喷雾。

② 静电喷雾。

通过高压静电场使雾滴带相同极性电荷,有助于雾滴分散和在目标物上的均匀沉降的喷雾。

③ 离心力喷雾。

利用离心力使喷液雾化的喷雾。

(5) 喷液

用于喷雾的含有配方(商品)化学品的液体。

(6) 剂型

包含活性物质和助剂的便于应用的制剂形式,如乳油、水剂、油剂、可湿性粉剂等。

(7) 叶面喷施

将化学品或生物制剂通过喷洒方式喷施到植物茎、叶、果实、针刺等地上部分的过程。

(8) 植物冠层

植物地上部分在空间的自然形态。

(9) 喷施率

喷洒到每单位(面积、体积、质量等)处理对象上的物质数量。

① 活性化学品喷施率。

喷施于每单位处理对象上的活性成分数量。

② 商品喷施率。

喷施于每单位处理对象上的化学配方商品数量。

(10) 雾滴

直径通常在 1000 μm 以下的球状液体颗粒。

(11) 雾滴大小

雾滴占据的空间尺寸,通常用雾滴直径表示。

(12) 雾滴分级

根据雾滴群体积中值直径大小对喷雾进行类别化分。

① 气溶胶。

雾滴体积中值直径≤50 μm 的雾滴分散形式。

② 弥雾。

雾滴体积中值直径>50 μm,且≤100 μm 的雾滴分散形式。

③ 细雾。

雾滴体积中值直径>100 μm,且≤400 μm 的雾滴分散形式。

④ 粗雾。

雾滴体积中值直径>400 μm 的雾滴分散形式。

(13) 常量喷洒

喷洒量≥30 L/hm^2 的喷洒作业。

(14) 低容量喷洒

喷洒量>5 L/hm^2，且<30 L/hm^2 的喷洒作业。

(15) 超低容量喷洒

喷洒量≤5 L/hm^2 的喷洒作业。

(16) 喷施率允许误差

实际喷施率相对于预订喷施率的最大允许偏差，一般用百分比表示。

(17) 雾滴覆盖密度

处理对象单位面积沉积的雾滴数。

(18) 雾滴沉积率

处理对象单位面积沉积的雾滴容量，单位为 L/hm^2。

(19) 雾滴分布均匀度

雾滴在喷幅范围内分布的均匀程度，通常用雾滴覆盖密度或喷雾沉积率在采样空间分布的变异系数来表示。一般用百分比表示，由各个样点的雾滴覆盖密度计算得出，变异系数越小，雾滴分布越均匀，计算方法为

$$\mathrm{CV}=\frac{\mathrm{SD}}{X}\times 100$$

其中，CV 为雾滴覆盖密度的变异系数(分布均匀度)；SD 为雾滴覆盖密度的标准差；X 为雾滴覆盖密度的算术平均值。

(20) 雾滴粒径

用于描述作业设备的雾化效果，雾滴粒径的分布情况。

(21) 数量中值直径

取样雾滴的个数按雾滴大小顺序进行累积，其累积值为取样雾滴个数总和的 50%所对应的雾滴直径，单位为 μm，简称 NMD。

(22) 体积中值直径

取样雾滴的体积按雾滴大小顺序进行累积，其累积值为取样雾滴体积总和的 50%所对应的雾滴直径，单位为 μm，简称 VMD 或 Dv. 5，表示适宜农业喷洒靶标吸收的雾滴数量。

(23) Dv. 1

小于等于该粒径的雾滴体积总和占总体积的10%,表示雾化后产生的易飘失雾滴的数量。

(24) Dv. 9

大于该粒径的雾滴体积总和占总体积的90%,表示喷洒雾滴分布均匀的情况。

(25) 雾滴谱宽度

用于描述雾滴大小分布的均匀程度,通常用扩散比或相对粒谱宽度描述,即

$$\text{扩散比}=\frac{\text{VMD}}{\text{NMD}}$$

$$\text{相对粒谱宽度}=\frac{\text{Dv. 9}-\text{Dv. 1}}{\text{Dv. 5}}$$

(26) 干物料

航空器向预定区播撒出的种子、化肥和药物等固体物质的总称。

(27) 有效播幅宽度

播撒作业中落种密度达到生产要求的播幅宽度。

(28) GPS导航

利用全球定位系统引导航空器进行农业航空作业飞行的方法。

(29) 人工信号导航

飞行作业时,采用人工摇动信号旗引导飞机作业的方法。

(30) 地标导航

采用明显地标物引导航空器进行飞行的导航方法。

(31) 侧风修正

根据风速、风向进行空中或地面的移位修正。

A.2　作业类型

(1) 航空播种造林

利用航空器及其播撒设备,将树种均匀撒落到预定地段的造林方法。

(2) 航空播种牧草

利用航空器及其播撒设备，将草籽按一定数量均匀撒落在预定地段的种草方法。

(3) 航空播种治沙

利用航空器播撒树、草种营造植被，以达到防风固沙目的的生物措施。

(4) 航空播种水稻

按照农业技术设计要求，利用航空器播撒稻种的飞行作业。

(5) 航空护林

利用航空器在林区上空巡护、视察火情、空投传单、物资、空降灭火人员、急救运输、化学灭火等的飞行作业。

(6) 航空植物保护

利用航空器对农作物、森林、果树和草原喷(撒)各种生物或化学药剂、毒饵，防治病、虫、鼠、草害的飞行作业。

(7) 航空根外施肥

利用航空器将肥料或植物生长调节剂喷洒在植物地上部分，由植物茎叶吸收的施肥方法。

A.3 喷施作业

(1) 作业方式

航空器喷施作业时的飞行方法。

① 单向式。

一个方向的喷雾作业，即航空器每个喷幅都朝一方向通过目标区(附图 A-1)。

② 穿梭式。

航空器在相邻喷幅或播带往返方向通过作业区的喷施作业(附图 A-2)。

③ 包围式。

一种飞行路径首尾相连的环形作业方式，通常用于宽度较大或者两个位置大致平行、面积基本相等的地块(附图 A-3)。

④ 串联式。

在一架次作业中能够将 2 块以上的零星小地块串在一起完成作业的方式(附图 A-4)。

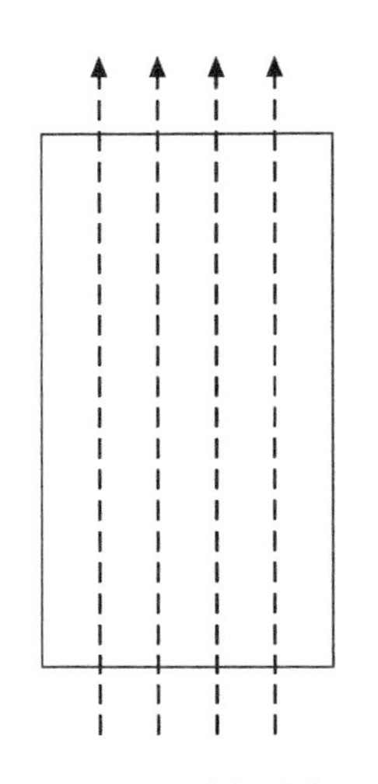

附图 A-1　单向式作业

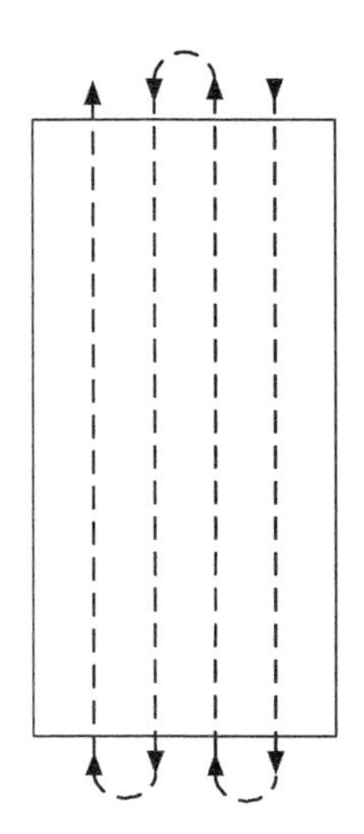

附图 A-2　穿梭式作业

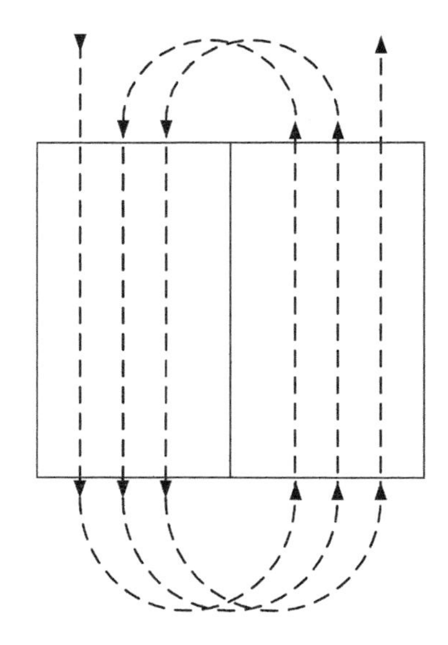

附图 A-3　包围式作业

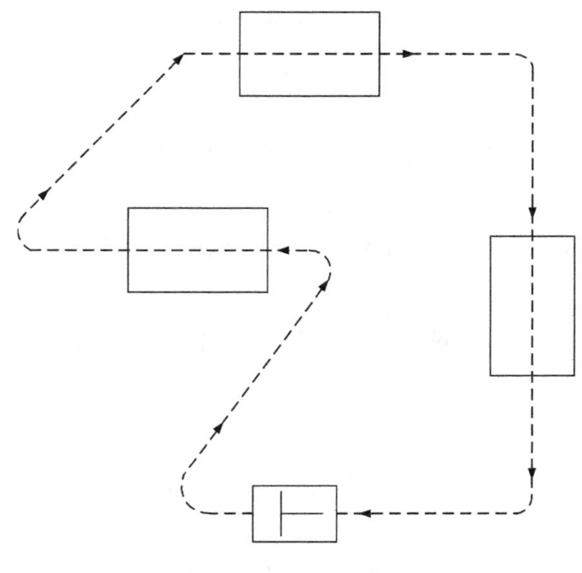

附图 A-4　串联式作业

⑤ 压标作业。

飞行员按照计划的航向和作业高度，保持航空器在所设置的信号上空通过的作业方式。

(2) 喷雾作业

① 作业高度。

喷洒作业时，航空器下端(含挂载物)距目标物顶端的距离。

② 作业速度。

喷洒作业时，航空器通过作业区的速度。

③ 目标物。

喷洒对象，通常指植物或昆虫。

④ 喷幅。

航空器喷洒后形成的条带状雾滴在目标物上的体现。

单喷幅是航空器通过一次喷洒形成的条带状喷雾。

重复喷幅是航空器多次喷洒形成的相互重叠的条带状喷雾。

喷幅宽度是航空器在喷洒作业中，相邻两个喷幅中心线之间的距离。

喷雾重叠是在目标物表面高度上观测到的相邻喷头重叠喷雾的数量。

⑤ 水基喷雾。

以水为分散介质的喷雾,通常用于常量和低容量喷雾。

⑥ 油基喷雾。

以油为分散介质的喷雾,通常用于超低容量喷雾。

⑦ 喷雾云。

在清晨和傍晚气压低,无风条件下,航空器喷洒的雾滴不下落,在空中形成云状集合体的现象。

⑧ 敏感生物。

应用化学品容易对其产生生理反应的植物、动物等。

⑨ 药害。

使用农药、化肥不当而引起植物发生的各种病态反应,包括由药物引起的植物损伤、生长受阻、植株变态、减产、绝产、死亡等一系列非正常生理变化。

⑩ 隔离带。

航空器喷洒作业区域边缘与敏感目标区域边缘之间的间隔地带。

⑪ 翼尖涡流。

航空器在飞行时,机翼与空气产生的旋转气体在翼尖的表现。

⑫ 内飘移。

喷雾雾滴形成运动但没有飘离目标区,也没有沉积在目标物上的一种雾滴飘失。

⑬ 飘移。

喷雾雾滴由气流运载飘离目标区的现象。

⑭ 蒸汽飘移。

雾滴在空气中由于蒸发而以气态分子形式产生的飘移。

(3) 播撒作业

① 作业高度。

播撒作业时,航空器相对于地面的高度。

② 空中移位修正。

飞行员根据风向、风速，以及上一架次落种位置偏移的方向和距离，及时修正偏流，并将航迹线，即播撒路线移向上风方向一定距离，使种子落在应播带上的作业方法。

③ 地面移位修正。

在地形开阔，高差较小的沙区和丘陵地区，为解决侧风导致落种偏离问题，地面统一指挥将信号按同一距离移向上风方向，使种子落在应播播带上的作业方法。

A.4 喷施设备

(1) 喷头

喷雾设备中产生并释放雾滴的部件。

① 扇形雾喷头。

能产生扇形片状喷雾的喷头。

② 锥形雾喷头。

能产生圆锥形喷雾的喷头。

(2) 喷嘴

包含最后喷口的喷头部件。

(3) 旋转式雾化器

利用旋转动能进行液体雾化的装置。

① 转盘雾化器。

利用盘的旋转能产生液体剪切的表面张力，以此来调节经过盘的液膜厚度进行雾化的装置。

② 转轮雾化器。

由包含叶片、轴瓦、网孔的旋转圆轮组成的旋转雾化器。液体流入旋转轮的内部，并通过轮上的网孔破碎成雾滴。

(4) 喷杆

固定喷头、旋转雾化器、输送喷液的管道装置。

(5) 喷头安装角度

喷头中心线与气流方向形成的夹角。

(6) 回流装置

能使管道中泵出的全部或部分喷液重新回到药箱的装置。

(7) 紧急释放装置

在紧急情况下能够迅速排放航空器装载物料的装置。

(8) 防滴漏装置

当流向喷杆的液流被关闭后,防止喷头和喷杆内残余液滴漏的装置,也称防后滴装置。

(9) 流量

喷施设备在单位时间内排出物料的总量,一般是每分钟排出的量。

(10) 空中流量

航空器在喷施作业过程中,喷施设备在某一开度单位时间内的出料量。

(11) 喷雾角

在一定压力下喷雾,靠近喷嘴的喷雾直线部分之间的夹角,单位为度。

(12) 机载播撒设备

安装在航空器上,用于播撒干物料的专用设备。

(13) 气击式播撒器

飞行过程中产生的高速气流将干物料播撒出去的播撒器。

(14) 定量盘

安装在播撒设备的风洞内,用来调控播撒量的装置。

(15) 扩散器

播撒设备中用来调控播撒量大小的机械装置。

A.5　喷施质量

(1) 雾滴穿透性

雾滴穿过植物冠层表面进入冠层中的能力。

(2) 雾滴撞击

具有动量的运动雾滴沿运动方向撞击目标物的过程。

(3) 雾滴黏附

雾滴表面与目标物表面通过相互作用使雾滴附着于目标物上的

现象。

(4) 重喷(播)

对已喷施过的目标区域再次进行不需要的喷施作业过程或现象。

(5) 漏喷(播)

喷施目标区域局部地段没有雾滴或种子覆盖的过程或现象。

(6) 误喷(播)

在非目标区域进行的错误的喷施过程或现象。

(7) 质量检测

在喷施作业中,通过实际雾滴采样或样方调查进行雾滴覆盖密度、雾滴覆盖均匀度、喷液沉降率、落种密度、落种均匀度、漏播率、接种率等作业质量指标的测定。

(8) 采样片

用于雾滴采样的材料,通常用氧化镁载玻片、水敏试纸、纸卡等接收雾滴。

(9) 雾滴覆盖密度

单位面积上的雾滴个数。单位面积一般取每平方厘米。

(10) 雾滴覆盖均匀度

雾滴在目标表面分布的均匀程度。通常用雾滴覆盖密度的变异系数来表示。

(11) 雾滴沉降率

沉降在单位面积上的喷洒物质量。

(12) 平均沉降率

沉降在整个喷幅中的平均物质量。

B 飞机作业参数

B.1 AT-802 型飞机喷洒作业参数

AT-802 型飞机喷洒作业参数如附表 B-1 所示。

附表 B-1 AT-802 型飞机喷洒作业参数

作业项目	飞行速度/(km/h)	喷液量/(L/hm²)	喷幅/m	飞行高度/m	流量/(L/min)	喷头类型	喷头数量	药泵桨叶角度	流量调节阀	雾化器桨叶角度
追肥+防病	240	17	50	5～7	340	雾化器	12	45°	拉出全开	靠近飞机腹部 65°,其余全部 55°
追肥+灭虫	240	17	50	5～7	340	雾化器	12	45°	拉出全开	靠近飞机腹部 65°,其余全部 55°
灭虫	240	10	50	5～7	200	雾化器	12	45°	13	靠近飞机腹部 65°,其余全部 55°

AT-802 型飞机使用 AU-5000 型旋转雾化器 12 个,布局如附图 B-1 所示。

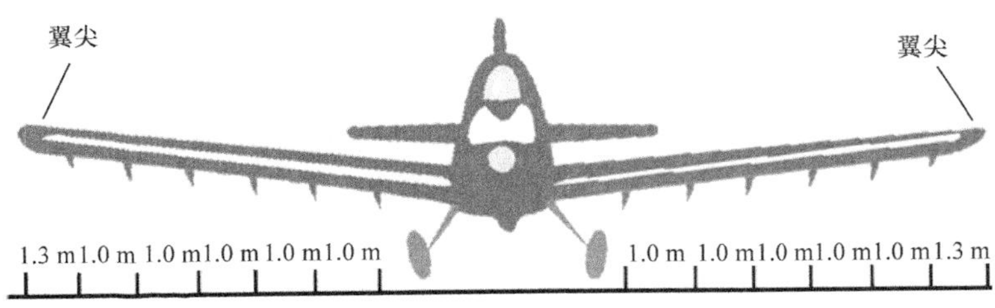

附图 B-1 AT-802 型飞机雾化器喷头布局

B.2 S2R-H80 型飞机喷洒作业参数

S2R-H80 型飞机喷洒作业参数如附表 B-2 所示。

附表 B-2　S2R-H80 型飞机喷洒作业参数

作业项目	飞行速度/(km/h)	喷液量/(L/hm²)	喷幅/m	飞行高度/m	流量/(L/min)	喷头类型	喷头数量	药泵桨叶角度	流量调节阀	雾化器桨叶角度
追肥+防病	225	17	40	5～7	255	雾化器	10	35°	拉出全开	全部55°
追肥+灭虫	225	17	40	5～7	255	雾化器	10	35°	拉出全开	全部55°
灭虫	225	10	40	5～7	150	雾化器	10	35°	13	全部55°

S2R-H80 型飞机使用 AU-5000 型旋转雾化器 10 个，布局如附图 B-2 所示。

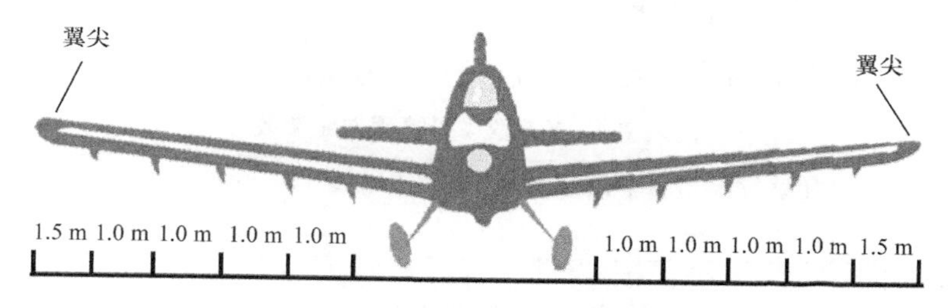

附图 B-2　S2R-H80 型飞机雾化器喷头布局

B. 3　M-18 型飞机喷洒作业参数

M-18 型飞机喷洒作业参数如附表 B-3 所示。

附表 B-3　M-18 型飞机喷洒作业参数

作物	作业项目	飞行速度/(km/h)	飞行高度/m	喷幅/m	喷液量/(L/hm²)	流量/(L/min)	压强/MPa	三通阀刻度	流量调节阀	桨叶角度
水稻、大豆、玉米	追肥	180	5～7	45	17	229.5	0.24	56°	全开 13	55°45°45°45°55° 55°45°45°45°55°
	防病	180	5～7	45	17	229.5	0.24	56°	全开 13	55°45°45°45°55° 55°45°45°45°55°
	灭虫	180	5～7	50	10	135	0.30	56°	全开 11	55°45°45°45°55° 55°45°45°45°55°
	追肥+灭虫	180	5～7	45	17	229.5	0.24	56°	全开 13	55°45°45°45°55° 55°45°45°45°55°
	防病+灭虫	180	5～7	45	17	229.5	0.24	56°	全开 13	55°45°45°45°55° 55°45°45°45°55°

M-18 型飞机使用 AU-5000 型旋转雾化器 10 个，布局如附图 B-3 所示。

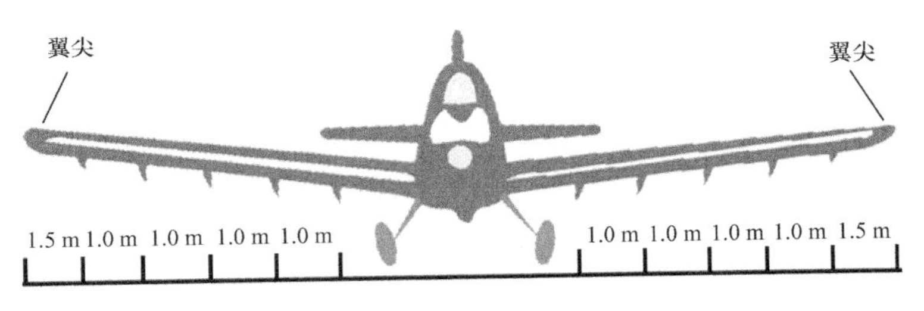

附图 B-3　M-18 型飞机雾化器喷头布局

B. 4　Y-5 型飞机喷洒作业参数

Y-5 型飞机喷洒作业参数如附表 B-4 所示。

附表 B-4　Y-5 型飞机喷洒作业参数

作物	作业项目	飞行速度/(km/h)	飞行高度/m	喷幅/m	喷液量/(L/hm²)	流量/(L/min)	喷头/个数	压强/MPa	喷头角度	喷头型号
水稻、大豆、玉米	追肥	175	5～7	50	17	248	65	0. 24	90°	4＃
	防病	175	5～7	50	17	248	65	0. 24	90°	4＃
	灭虫	175	5～7	50	10	146	65	0. 24	90°	2＃
	追肥＋灭虫	175	5～7	50	17	248	65	0. 24	90°	4＃
	防病＋灭虫	175	5～7	50	17	248	65	0. 24	90°	4＃

B. 5　R66 型飞机喷洒作业参数

R66 型飞机喷洒作业参数如附表 B-5 所示。

附表 B-5　R66 型飞机喷洒作业参数

作业项目	飞行速度/(km/h)	喷液量/(L/hm²)	喷幅/m	飞行高度/m	流量/(L/min)	喷嘴型号	喷嘴数量/个	喷头角度	压强/MPa
追肥＋防病	110	15	25	4～5	68	8004＃	46	向前 45°	0. 3